图1　宣传画册封面

图2　宣传画册效果图

图3　修复调整后的照片

图4　修饰美化后的照片

图5　宣传画册的内页

图6　立方体效果

图7　邮票效果

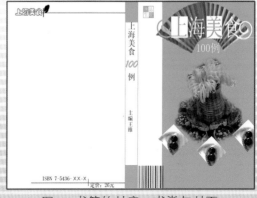

图8　书籍的封底、书脊与封面

图9　书籍扉页

图10　儿童书籍封面

图11　书籍插图

图12　电子相册封面

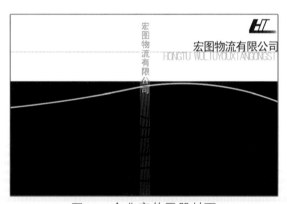

图14　企业宣传画册封面

图13　公益海报

图15　企业吊旗

中等职业学校计算机及应用专业试验教材

图形图像设计与制作

（第二版）

吕宇国　主　编

胡庆燕　吕　静　副主编

中国铁道出版社

CHINA RAILWAY PUBLISHING HOUSE

内 容 简 介

本书是中等职业学校计算机及应用专业核心课程的教材，由 5 个单元构成，通过对本书的学习，学生可以基本了解现代平面设计、色彩与视觉传达艺术的基本知识，掌握图形图像设计与制作的方法与技术，学会按不同的要求设计海报、广告等作品，在完成项目任务的过程中学会沟通与合作，能基本胜任平面设计的基础性工作，并为提高专门化方向的职业能力奠定基础。

本书以岗位职业能力分析和职业技能考证为指导，以《上海市中等职业学校计算机及应用专业教学标准》中的"图形图像设计与制作课程标准"为依据，以岗位任务引领，以工作任务为载体，强调理论与实践相结合，体系安排遵循学生的认知规律，在将图形图像技术的最新发展成果纳入到教材的同时，力争使教材具有趣味性和启发性。此外，本书还配有教学指导手册。

本书适合作为中等职业学校计算机及应用专业的教材，也可作为社会培训班的培训教材，还可作为图形图像设计与制作爱好者的自学用书。

图书在版编目（CIP）数据

图形图像设计与制作/吕宇国主编. —2版. —北京：
中国铁道出版社，2015.2
中等职业学校计算机及应用专业试验教材
ISBN 978-7-113-19630-1

Ⅰ．①图… Ⅱ．①吕… Ⅲ．①图象处理软件－中等专
业学校－教材 Ⅳ．①TP391.41

中国版本图书馆CIP数据核字(2014)第288249号

书　　名：图形图像设计与制作（第二版）
作　　者：吕宇国　主编

策　　划：尹　娜　　　　　　　　　读者热线：400-668-0820
责任编辑：李中宝　冯彩茹
封面设计：付　巍
封面制作：白　雪
责任校对：汤淑梅
责任印制：李　佳

出版发行：中国铁道出版社（100054，北京市西城区右安门西街 8 号）
网　　址：http://www.51eds.com
印　　刷：北京尚品荣华印刷有限公司
版　　次：2008 年 1 月第 1 版　　2015 年 2 月第 2 版　　2015 年 2 月第 1 次印刷
开　　本：787 mm×1 092 mm　1/16　印张：13.25　彩插：2　字数：300 千
印　　数：1～3 000 册
书　　号：ISBN 978-7-113-19630-1
定　　价：29.80 元

中等职业学校计算机及应用专业试验教材编委会

主　　任：邓泽民

副 主 任：汪燮华　　　张世正　　　蒋川群　　　沈大林　　　严晓舟

委　　员：（按姓氏音序排列）

陈黎安　　　陈丽敏　　　陈志云　　　杜　赞　　　龚建鑫

黄毅峰　　　吕宇国　　　马广月　　　孙良贻　　　王崇义

王泓滢　　　王珺萩　　　王培坚　　　王维明　　　肖　诩

徐慧华　　　许迪声　　　应国虎　　　朱慧群　　　朱文娟

丛 书 主 编　汪燮华
丛书副主编　张世正　　蒋川群　　孙良贻

计算机及应用专业教材专门化方向主编一览表

专门化方向设置		教材名称	专门化方向主编
专业核心课		办公自动化应用	张世正　肖　诩
		计算机组装与维护	张世正　肖　诩
		多媒体技术应用基础	陈志云　陈丽敏
专门化方向	办公自动化与设备维护	办公设备操作与维护	张世正　肖　诩
		信息产品使用与服务	
	网页设计与制作	图形图像设计与制作*	孙良贻　王崇义
		网页设计与制作	
		Web 数据库与动态网页制作	
	多媒体制作技术	多媒体设计与制作	陈志云　陈丽敏
		多媒体应用综合实训	
	广播影视制作	影视照明	张世正　王培坚
		录音技术与数字音频制作	
		电视摄像与非线性编辑	
	动漫设计与制作	平面动画设计与制作	蒋川群　王珺萩
		三维动画设计与制作	
		动画制作综合实训	

注：*表示同时供多媒体制作技术和动漫设计与制作专门化方向选用。

序

为了加速培养一大批适应上海市新一轮发展需要的知识型技能人才，上海市教育委员会在国内率先应用国际上先进的课程开发方法——DACUM[1]，开发了计算机及应用等 50 个专业的教学标准。这为落实《国务院关于大力发展职业教育的决定》提出的"以服务为宗旨、以就业为导向"办学方针和教育部提出的"以就业为导向、以能力为本位"的教育教学指导思想，迈出了坚实的一步。

本套丛书"中等职业学校计算机及应用专业试验教材"，就是依据上海市教育委员会组织开发并制定的《上海市中等职业学校计算机及应用专业教学标准》（以下简称《标准》）组织编写的。为了保证《标准》的落实和教学的高效，本套教材采用了先进的职业教育教材设计理念进行设计与编写。

计算机及应用专业课程有 5 个特征：一是任务引领，即以工作任务引领知识、技能和态度，让学生在完成工作任务的过程中学习相关知识，发展学生的综合职业能力；二是结果驱动，即通过完成典型产品或服务，激发学生的成就动机，使之获得完成工作任务所需要的综合职业能力；三是突出能力，即课程定位与目标、课程内容与要求、教学过程与评价都围绕职业能力的培养，涵盖职业技能考核要求，体现职业教育课程的本质特征；四是内容适用，即紧紧围绕工作任务完成的需要来选择课程内容，不强调知识的系统性，而注重内容的实用性和针对性；五是做学一体，即打破长期以来的理论与实践二元分离的局面，以任务为核心，实现理论与实践一体化教学。

在教材体系的确立上，按照职业岗位，将"计算机及应用"专业的 3 门专业核心课（"办公自动化应用""计算机组装与维护""多媒体技术应用"）和 13 门限定选修课分为 5 个专门化方向设计。这不但较好地落实了职业教育"以就业为导向"的教学指导思想，也很好地实现了学科教育向职业教育的转变。

本套丛书在教材内容的筛选上，依据应用职业分析方法确定教学标准，在将成熟的最新成果纳入到教材的同时，又充分考虑了国家职业教育学历标准和国家职业资格标准，实现了学历证书和职业资格证书的"双证"融通，为职业学校学生顺利地取得国家职业资格证书提供了条件。

在教材结构的设计上，本套丛书采用任务引领和项目训练的设计方式，不但符合职业教育实践导向的教学思想，还将通用能力培养渗透到专业能力教学当中。

每个单元具体设计了以下几个板块：

单 元 引 言：说明该单元在学生将来工作、生活学习中的需要，指出能力目标。

任 务 描 述：从社会生活、工作需求中提取任务，描述任务完成的效果。

任 务 分 析：分析解决任务的思路，分析任务的难点。

方 法 与 步 骤：图文并茂地讲解完成任务的操作步骤。

相关知识与技能：讲解任务涉及的知识与技能、完成任务的其他操作方法、技巧等。

拓 展 与 提 高：讲解学生非常有必要了解，但任务未涉及的知识与技能（此可选）。

思 考 与 练 习：根据教学需要、考试形式确定，一般包括任务要求、案例效果等。

---

[1]DACUM——Developing A Curriculum，具体内容可参考《职业分析手册——DACUM Handbook》。

在任务完成过程的设计上，力求选择的任务来自于生产实际，并充分考虑其趣味性和能力的可迁移性，以保证在完成任务的过程中，有效地促进学生职业能力的发展。

本套教材无论从教学标准的开发、教材体系的确立、教材内容的筛选、教材结构的设计，还是任务的选择上，都本着立足上海，服务全国的宗旨，并且得到了上海市教育委员会教学研究室的大力支持，倾注了各位职业教育专家、计算机教育专家、教师和中国铁道出版社各位编辑的心血，是我国职业教育教材为适应学科教育到职业教育、学科体系到能力体系两个转变进行的有益尝试，也是邓泽民教授主持的国家社会科学基金课题"以就业为导向的职业教育教学理论与实践研究"的首批成果。

本套教材如有不足之处，请各位专家、老师和广大读者不吝指正。希望通过本套教材的出版，为我国职业教育和计算机教育事业的发展和人才培养做出贡献。

编委会

21 世纪是一个信息技术社会，信息技术从多方面改变着人们的生活、工作以及思维方式。在这个信息与知识更新速度极快的社会中，图形图像设计与制作也变成了一个热门行业，越来越多的人加入到这一行业当中。随着社会需求的不断增大，图形图像设计与制作专业在中等职业技术学校中也成了一个非常热门的学科。

本书编写保留了第一版的所有特点，以岗位职业能力分析和职业技能考证为指导，以《上海市中等职业学校计算机及应用专业教学标准》中的"图形图像设计与制作课程标准"为依据，以岗位任务引领，以工作任务为载体，强调理论与实践相结合，体系安排遵循学生的认知规律，内容讲解深入浅出，在将图形图像设计技术的最新发展成果纳入到教材的同时，力争使教材具有趣味性和启发性，并将较新的 Photoshop CS6 版本作为所有作品的制作平台。

本书是中等职业学校计算机及应用专业核心课程的教材，由 5 个单元构成，通过对本书的学习，学生可以基本了解现代平面设计、色彩与视觉传达艺术的基本知识，掌握图形图像设计与制作的方法与技术，学会按不同的要求设计海报、广告等作品，在完成项目任务的过程中学会沟通与合作，毕业后能基本胜任平面设计的基础性工作，为发展专门化方向的职业能力奠定基础。

其中，项目实训中项目等级评价参考下面 2 个表。

等级说明表

等 级	说 明
3	能高质、高效地完成此学习目标的全部内容，并能解决遇到的特殊问题
2	能高质、高效地完成此学习目标的全部内容
1	能圆满完成此学习目标的全部内容，不需任何帮助和指导

评价说明表

评 价	说 明
优 秀	达到 3 级水平
良 好	达到 2 级水平
合 格	全部项目都达到 1 级水平
不 合 格	不能达到 1 级水平

本书由吕宇国任主编，胡庆燕、吕静任副主编。具体分工如下：第一、三、四单元由吕宇国编写，第二单元由胡庆燕编写，第五单元由吕静编写。参与本书编写的作者都是具备扎实的专业知识和丰富的教学实践能力的一线教师。对于本书的课时安排，作者建议单元一、单元二、单元五各 14 学时，单元三、单元四各 12 学时，总计 66 学时。书中用到的素材可到中国铁道出版社教学资源网 http://www.51eds.com 中下载。

由于编者水平有限，加之时间仓促，书中难免存在疏漏和不足不处，恳请读者不吝指教。

编 者
2014 年 10 月

目 录 CONTENTS

CONTENTS

单元一

大地之歌——海报制作

作为信息传播的工具，海报在人们的生活和工作当中一直扮演着十分重要的角色。在城市的社区、街道、地铁、商场等公共场所，随处都能看到各类商业宣传海报，它们都具有内容广泛、艺术表现力丰富、远视效果强烈等特点，点缀着城市的大街小巷。电影海报作为商业宣传海报中的一朵奇葩，深受广大电影爱好者的喜爱。

本单元将利用 Photoshop CS6 中的一些图像文件和图层等基本操作技术来制作一个电影——《大地之歌》的宣传海报。制作《大地之歌》电影海报是通过"制作海报背景""添加人物图像""建立标题文字""制作海报的说明文字" 4 项任务来完成的。

能力目标

- 能根据海报的特点及制作要求设计海报
- 能使用 Photoshop CS6 工作界面中的工具箱、调板等部件
- 能新建、打开、保存和关闭图像文件
- 能了解图层的相关知识并运用图层技术进行图像的编辑
- 能使用 "图层" 调板来管理图像的图层
- 能创建与编辑普通图层、文字图层和调整图层

任务一　制作海报背景

任务描述

目前，数字化图像已经成为图像设计和制作的主流形式，被广泛应用在图像创意、特效文字、照片修改、广告设计、商业插画制作、影像合成和效果图后期处理等领域，而 Photoshop CS6 是目前使用最广泛的专业图像编辑处理软件。在这个任务中，通过制作电影——《大地之歌》宣传海报的背景图像，学习有关图像设计的基本知识和 Photoshop CS6 中的一些基本操作技术，从而揭开 Photoshop CS6 的神秘面纱。该任务完成后的图像效果如图 1-1-1 所示。

图 1-1-1　海报的背景图像

任务分析

电影海报的主要功能是电影的商业宣传，它就像影片的"名片"，常以影片最精彩的镜头作为展示画面。本任务是以中国首部音乐风光艺术电影《大地之歌》中的一个表现新疆伊犁地区草原美丽风光的精彩镜头为素材，制作电影海报的背景图像。电影海报的尺寸一般为 99 厘米×69 厘米，为了节省系统资源，在制作时将图像缩小了 10 倍，使用 99 毫米×69 毫米的尺寸大小。具体制作可按下述几大步骤来完成：①新建一个 99 毫米×69 毫米的图像文件，填充一种背景颜色；②加入背景素材图像，并调整它的大小和位置；③使用橡皮擦工具擦除图层中的图像边缘，使之与背景自然融合，形成一个整体；④合并图层，并保存文件。

方法与步骤

1. 新建文件

（1）执行 Windows 中的"开始"｜"程序"｜"Adobe"｜"Adobe Photoshop CS6"命令，打开 Photoshop CS6 程序，如图 1-1-2 所示。

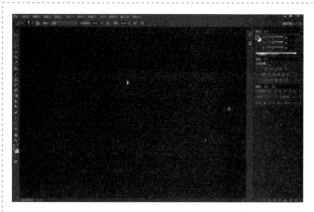

图 1-1-2　Photoshop CS6 程序窗口

（2）执行"文件"｜"新建"命令，弹出"新建"对话框，在"名称"文本框中输入文件名称"大地之歌"；设置宽度为69毫米,高度为99毫米；分辨率为 200 像素/英寸；颜色模式为 RGB 颜色；背景内容为白色，如图 1-1-3 所示。

图 1-1-3　"新建"对话框的设置

（3）单击"新建"对话框中的"确定"按钮，关闭该对话框，建立一个新文档。在工作区中会出现一个名为"大地之歌"的文件窗口，如图 1-1-4 所示。

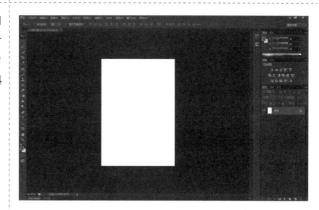

图 1-1-4　新建的文档窗口

（4）调整图像显示比例可以让图像的显示大小适合工作区的大小：按【Ctrl+0】组合键，注意观察"导航器"调板（该调板可从"窗口"菜单中打开）和图像文件窗口标题栏中的信息提示。图 1-1-5 所示为"导航器"调板，图 1-1-6 是画布窗口的标题栏，其中列出了文件名称、图像显示百分比和颜色模式等信息。

图 1-1-5　"导航器"调板　　图 1-1-6　画布窗口的标题栏

（5）执行"编辑"｜"填充"命令，弹出"填充"对话框，如图 1-1-7 所示。在"使用"下拉列表中选择"颜色"选项，会自动弹出"拾色器"对话框，如图 1-1-8 所示。在该对话框中设置 R、G、B 的值分别为 160、200、255。单击"确定"按钮，关闭"拾色器"对话框，再单击"填充"对话框中的"确定"按钮，关闭该对话框，完成填充色的设置。

图 1-1-7　"填充"对话框　　图 1-1-8　"拾色器"对话框

2．将其他图像复制到当前文件中

（1）执行"文件"｜"打开"命令，弹出"打开"对话框，如图 1-1-9 所示，选择并打开 sc1-1-1.jpg 文件。

图 1-1-9　"打开"对话框

（2）执行"选择"｜"全部"命令，或按【Ctrl+A】组合键选中全部画面，窗口中的整个图像被一个虚线框围绕，如图 1-1-10 所示。

（3）执行"编辑"｜"拷贝"命令，或按【Ctrl+C】组合键，将选区中的图像复制到剪贴板中。

（4）执行"文件"｜"关闭"命令，或按【Ctrl+W】组合键，关闭 sc1-1-1.jpg 文件的画布窗口，不要保存，使原始图像不被改变，可以重复使用。

图 1-1-10　选中全部画面

（5）执行"编辑"｜"粘贴"命令，或按【Ctrl+V】组合键，将剪贴板中的图像粘贴到新建的画布窗口中。此时在"图层"调板中可以看到新增了一个名为"图层 1"的新图层，如图 1-1-11 所示。

图 1-1-11　"图层"调板中新增了图层

3．改变图像位置和大小

（1）观察文件窗口，可以看到新复制的图像宽度超出了背景，并且纵向的位置太高，执行"编辑"｜"自由变换"命令或按【Ctrl+T】组合键，进入"自由变换"状态，对图像进行调整，结果如图 1-1-12 所示。

图 1-1-12　图像处于自由变换状态

（2）将鼠标指针移到图像中间，当光标变成单个黑色箭头时拖动鼠标，改变图像位置，将其移到窗口的底部；拖动图像4个角上的控制点（空心的小方块），将图像缩放至适当大小，如图1-1-13所示。

（3）调整完成后，按【Enter】键确定变换结果。如果要取消操作，可以按【Esc】键。注意：如果没有按【Enter】键确定或按【Esc】键取消，则不能进行其他操作。

图 1-1-13　图像在自由变换状态下被改变了大小和位置

4．修改图像使之与背景融合

（1）在工具箱中选择橡皮擦工具，也可按【E】键，如图1-1-14所示。

图 1-1-14　选择橡皮擦工具

（2）在选项栏中调整橡皮擦工具的各项属性，模式：画笔；不透明度：50%；流量：100%，如图1-1-15所示。

图 1-1-15　选项栏中橡皮擦工具的各项属性

（3）在选项栏中单击"画笔预设"下拉按钮，打开"画笔预设"选取器，如图1-1-16所示，单击"柔边圆"图标，设置主直径大小为100像素；硬度为0%画笔。

图 1-1-16　"画笔预设"选取器

（4）确保选中"图层"调板中的"图层 1"图层，然后小心地擦除"图层 1"图层中图像上半部分的边缘，使之自然地融合在背景之上（见图 1-1-1）。注意：在选项栏中调整橡皮擦工具的"主直径"值与"不透明度"值有助于修改，但要始终保持画笔的"硬度"为 0。

图 1-1-17　合并图层后的"图层"调板

（5）执行"图层"｜"向下合并"命令，或按【Ctrl+E】组合键，合并两个图层。观察"图层"调板中的变化，如图 1-1-17 所示。

5．保存文件

（1）执行"文件"｜"存储"命令或按【Ctrl+S】组合键，弹出"存储为"对话框，选择保存文件的位置和文件格式，文件名为"大地之歌"，文件格式为"Photoshop（*.PSD；*.PDD）"，如图 1-1-18 所示。单击"保存"按钮，保存文件。

（2）关闭所有打开的窗口，以释放系统资源。

图 1-1-18　"存储为"对话框

相关知识与技能

1．分辨率

图像的分辨率是指单位尺寸中像素的点数，通常用 ppi（像素/英寸）表示。在图像尺寸大小相同的情况下，图像的分辨率越大，图像越细腻清晰，包含的信息也越多，同时图像的容量就越大。图像分辨率的大小与此图像的用途相关：如果是用于打印输出的图像，一般分辨率设定值在 300 像素/英寸左右，如用于印刷的图像；如果只是在计算机屏幕上显示，分辨率可设定为 72 像素/英寸或者更少，如用于网络发布的图像。

除新建文件时设置图像分辨率以外，在编辑过程中也能使用"图像"｜"图像大小"命令来改变图像的分辨率。

2. 颜色模式

Photoshop 软件可以根据需要进行各种颜色模式的相互转换。具体方法是使用"图像"|"模式"命令。

- RGB 颜色模式：RGB 模式是 Photoshop 软件中主要的一种颜色模式，由光的三原色R（红色）、G（绿色）和 B（蓝色）组成。其中，每一个原色可以表现 256 种不同的彩色色调，因此 RGB 模式图像包含的色彩范围比较广。RGB 模式图像能使用 Photoshop 软件的所有功能和滤镜，是图像编辑的常用颜色模式。
- CMYK 颜色模式：CMYK 模式主要用于图像的输出印刷，由 C（青色）、M（洋红）、Y（黄色）和 K（黑色）组成，对应印刷时所用的 4 个色版。4 种颜色数值范围在 0%～100%之间，如果以 1%为单位，每种颜色可产生 101 个色调。
- 灰度模式：灰度模式图像中没有颜色信息，只能表现从黑到白的 256 个色调，可以由彩色图像通过"去色"操作实现。

3. 文件格式

Photoshop 软件支持多种图像文件格式的输入与输出，为各种图像格式的转换提供了极大的便利。

- PSD 格式：PSD 格式文件是 Photoshop 软件专用的图像文件格式，是唯一支持所有图像模式、图层效果、各种通道、调节图层以及路径等图像信息的文件格式。
- JPEG 格式：这种格式的图像容量小，占用存储空间少，表现颜色丰富、内容细腻，通常被使用在描绘真实场景的地方，如多媒体软件或网页中的照片等。
- GIF 格式：GIF 格式的特点是图像容量极小，并且支持帧动画和透明区域，是一个在网络中应用广泛的图像文件格式。一般用来表现色彩简单，内容不复杂的图形和图像。
- TIFF 格式：TIFF 格式图像以不影响图像品质的方式进行图像压缩，是一种应用十分广泛的图像文件，被许多软件所支持，特别适用于传统印刷和打印输出的场合。

注 意

为了节省系统资源，加快操作速度，本教材中制作出来的所有图像文件都只能在显示器上预览。作品正式交付印刷前，要用实际尺寸：300 像素/英寸及以上分辨率、CMYK色彩模式、TIFF 文件格式存储。

拓展与提高

1. Adobe Bridge

Adobe Bridge 可以让用户轻松地管理文件。通过 Adobe Bridge 可以查看、搜索、排列、筛选、管理和处理包含图像文件在内的各种文件，如重命名、移动和删除文件，编辑元数据，旋转图像以及运行批处理命令。执行"文件"|"在 Bridge 中浏览"命令能打开 Bridge 窗口，如图 1-1-19 所示。

2. Photoshop 帮助

执行"帮助"|"Photoshop 联机帮助"命令，或按【F1】键，可以打开"Photoshop帮助和教程"网页窗口，如图 1-1-20 所示，在这里可以学习到所有的软件基本知识和操作技能，通过帮助找出解决问题的方法。

图 1-1-19　Bridge 窗口

建议在本任务中先学习"快速入门教程"中的内容。其网址为 http://helpx.adobe.com/cn/photoshop/ topics/getting-started.html，如图 1-1-21 所示。

图 1-1-20　帮助中心中的"使用帮助"内容

图 1-1-21　帮助中心中的"工作区域基础知识"内容

我思考与练习

（1）图 1-1-1.jpg 和"大地之歌.psd"是两个不同格式的图像文件，请说明它们之间有哪些不同的特点。

（2）图像的分辨率是否越大就越好，为什么？

（3）请在下面表格中用打钩的形式来表示每种图像常用的各种属性。

属性 图像或照片	分　辨　率			色　彩　模　式			文　件　格　式		
	72ppi	300ppi	RGB	CMYK	灰度	PSD	JPEG	GIF	TIFF
动画图像									
网页中的照片									
需要打印的照片									
将要印刷的图像									
进行编辑的图像									

（4）参考任务一，制作一个"北京旅游"宣传海报的背景图像。

提 示

（1）图像尺寸为宽69毫米，高99毫米，分辨率为200像素/英寸。

（2）背景图层填充颜色自定义。

（3）将图像文件sc1-1-2.jpg复制到一个新的图层上。

（4）调整并修改新图层中的图像，使之与背景融合。

任务二　添加人物图像

任务描述

海报作为一种最鲜明、最具视觉感染力、号召力、宣传功能的艺术载体，是现代视觉传媒设计中最大众化的艺术形式之一。电影《大地之歌》中描述了哈萨克男孩萨依兰，为寻找心目中神圣、勇敢的哈萨克男孩喀班巴依的足迹，历尽了身心磨难。在海报中可以将这位勇敢朴实的哈萨克男孩萨依兰的人物展示出来，以突出人物形象，增加海报的宣传效果。该任务完成后的效果如图1-2-1所示。

图1-2-1　任务完成效果

任务分析

添加人物图像的制作可按下述几大步骤来完成：①在制作过程中，原始人物素材图像的大小、色调以及颜色都不符合要求，与背景不能很好地融合，在使用之前应做适当的处理，如调整图像和画布的大小、去色、着色等操作；②加入到背景图像之后，运用图层的混合模式将其与背景合为一体；③使用蒙版技术对图像进行修改，让人物天衣无缝地融入海报的画之中。

方法与步骤

1. 调整图像与画布大小

（1）打开Photoshop CS6程序，在工作区任意空白处双击，弹出"打开"对话框，利用该对话框打开文件sc1-2-1.jpg，如图1-2-2所示。

图1-2-2　新文件被打开

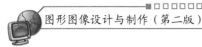
（2）执行"图像"｜"图像大小"命令，弹出"图像大小"对话框，将图像分辨率改为 200 像素/英寸；选中"约束比例"复选框，保证图像不变形，即在修改高度值时，其宽度值随之变化，图像宽高比保持不变，设置高度为 50 毫米，如图 1-2-3 所示。单击"确定"按钮。

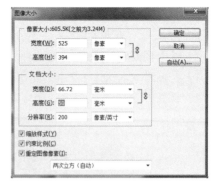

图 1-2-3 "图像大小"对话框

（3）执行"图像"｜"画布大小"命令，弹出"画布大小"对话框，选中"相对"复选框，将画布的相对宽度减少 20 毫米（在"宽度"文本框中输入-20），定位方式为左边，如图 1-2-4 所示。当询问是否要进行剪切时，单击"继续"按钮。

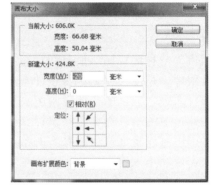

图 1-2-4 "画布大小"对话框

（4）单击"画布大小"对话框中的"确定"按钮。观察图像的效果，图像变小并且左边部分区域被剪切，如图 1-2-5 所示。

图 1-2-5 图像改变大小后的效果

2．将图像复制到另一个文件中

（1）打开在任务一中完成的"大地之歌.psd"文件。拖动"大地之歌.psd"文件窗口的标题栏，以使文件 1-2-1.jpg 在窗口可见，如图 1-2-6 所示。

（2）选择工具箱中的移动工具，或按【V】键，单击 1-2-1.jpg 画布窗口中任意位置，使鼠标光标成为移动形状 。

图 1-2-6 两个图像窗口同时可见

（3）使用鼠标拖动 1-2-1.jpg 画布窗口中的图像将其移至"大地之歌.psd"画布窗口中，观察"图层"调板，可以看到 Photoshop 自动增加了一个名为"图层 1"的新图层，如图 1-2-7 所示。

（4）在"大地之歌.psd"窗口中拖动"图层 1"图层中的图像到适当位置，请参照图 1-2-1。

（5）单击 1-2-1.jpg 文件窗口右上角的"关闭"按钮，关闭 1-2-1.jpg 画布窗口，并且不保存，使原图像不被改变，可以多次使用。

图 1-2-7 增加了新图层

3. 调整图像的色调

（1）对照图 1-2-8，观察"大地之歌.psd"画布窗口，确定人物图像的位置要正确。如有需要可以用键盘上的 4 个方向键来微调图像位置，但必须是在以"图层 1"图层为当前图层并且使用了移动工具的情况下进行操作。

图 1-2-8 人物图像在窗口中的位置

（2）执行"文件"｜"存储"命令或按【Ctrl+S】组合键，保存好文件。

（3）单击"图层"调板中的"图层 1"图层，使其成为当前图层。执行"图像"｜"调整"｜"去色"命令，将该图层中的图像颜色去除，使之成为一张灰色图像，如图 1-2-9 所示。

图 1-2-9 灰色图像

（4）改变图像的色调，使图像变亮。执行"图像"｜"调整"｜"色阶"命令，弹出"色阶"对话框，设置"输入色阶"为 0、1.60、180，如图 1-2-10 所示。

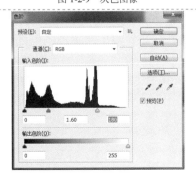

图 1-2-10 "色阶"对话框

（5）选中"图层 1"图层，在"图层"调板的左上方的下拉列表中选择"正片叠底"模式，如图 1-2-11 所示，并对照图 1-2-7 进行比较。这是为了使人像能更好地融合在背景图像之中。

（6）按【Ctrl+S】组合键保存文件。

图 1-2-11　图层混合模式

4．使用画笔工具修改蒙版

（1）单击"图层"调板下方的"添加图层蒙版"按钮，增加一个"图层 1"图层的蒙版，如图 1-2-12 所示。

（2）单击"图层"调板中的白色"图层蒙版缩览图"（使之被白框围住），如图 1-2-12 所示。

图 1-2-12　添加了图层蒙版的图层 1

（3）单击工具箱中画笔工具的下三角按钮，可以看到如图 1-2-13 所示的列表，其中有 4 种工具：画笔工具、铅笔工具、颜色替换工具和混合器画笔工具。再次单击画笔工具。

在工具选项栏中设置画笔属性：大小为 100，不透明度为 50%，其他设置保持不变。

图 1-2-13　4 种画笔工具

（4）单击工具箱中的"默认前景色和背景色"图标或按【D】键。再单击"切换前景色和背景色"图标或按【X】键，如图 1-2-14 所示。

图 1-2-14　设置前景与背景颜色

（5）在文件窗口中用黑色画笔进行涂抹，涂抹过的图像信息被擦除，如果感觉擦除过多，可按【X】键"切换前景色和背景色"，用白色画笔进行修复。此时的"图层"调板如图 1-2-15 所示。

图 1-2-15　黑色画笔涂抹后的图层蒙版

（6）在"图层"调板中调节不透明度为 80%（见图 1-2-16），使人物图像变淡些，如果将不透明度值改成更小的值，人像将会变得更淡，背景中的颜色就会更加清晰；当不透明度值为 0 时，人像会消失，图层就如一张完全透明的玻璃。

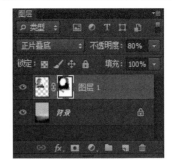

图 1-2-16　在右上角调节图像的不透明度

5. 保存图像文件

（1）执行"图层"｜"重命名图层"命令，在"图层"调板中图层名称文本框中输入"人像"，改变"图层 1"图层的名称为"人像"，如图 1-2-17 所示。或双击"图层"调板中的"图层 1"名称，直接将图层改名为"人像"。

（2）按【Ctrl+S】组合键，保存文件。关闭窗口，结束对任务的操作。

图 1-2-17　修改图层名称

注　意

以后在本教材中所有的任务最后都要保存文件，关闭窗口，不再赘述。

相关知识与技能

1. 图层的基本概念

图层是 Photoshop 使用的一种技术处理方法，可以将一个图层看作是一张透明的纸，透过图层的透明区域可以看到下面图层中的图像信息。图层与图层之间彼此独立，在处理当前图层中的图像时，不会影响到其他图层中的图像信息。

除常规图层外，还有"背景"图层、文字图层、调整图层、填充图层和图层样式等许多特殊的图层用于创建图像的复杂效果。

创建新图像时，"图层"调板中最下面的图像为"背景"图层。一幅图像只能有一个"背景"图层，且无法更改"背景"图层的堆叠顺序、混合模式或不透明度。但是，可以将"背景"图层转换为常规图层。另外，在创建包含透明内容的新图像时，图像没有"背景"图层。

如图 1-2-18 所示的"图层"调板中各选项的名称分别为：A 为图层混合模式；B 为图层的"眼睛"图标；C 为图层缩览图；D 为"图层"调板菜单按钮；E 为展开/折叠图层效果按钮；F 为带有样式的常规图层；G 为调整图层；H、I 为常规图层；J 为背景图层。

在图 1-2-18 所示的"图层"调板中，最下方有一行按钮，从左到右依次是："链接图层"按钮；"添加图层样式"按钮；"添加矢量蒙版"按钮；"创建新的填充或调整图层"按钮；"创建新组"按钮；"创建新图层"按钮和"删除图层"按钮。

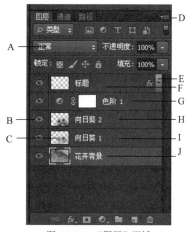

图 1-2-18　"图层"调板

2．图层的基本操作

1）建立、复制与删除图层

执行"图层"｜"新建"｜"图层"命令，会在当前图层之上创建一个新的没有图像的透明图层。该命令执行时会弹出如图 1-2-19 所示的"新建图层"对话框。在"名称"文本框中可输入新图层的名称，在"颜色"下拉列表中选择该层在"图层"调板中显示的颜色，在"模式"下拉列表中选择该层的工作模式，在"不透明度"文本框中定义该层的不透明度。

创建新图层还有一种快捷方法，就是单击"图层"调板下方的"创建新图层"按钮，图 1-2-18 所示的"图层"调板最下方倒数第 2 个按钮。

执行"图层"｜"复制图层"命令，会建立一个当前图层的副本，两个图层中的图像完全相同。执行该命令后会弹出如图 1-2-20 所示的对话框。

图 1-2-19　"新建图层"对话框

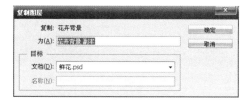

图 1-2-20　"复制图层"对话框

单击"图层"调板下方的"删除图层"按钮，即可删除当前图层。也可以执行菜单中的"图层"｜"删除"｜"图层"命令来完成删除图层的操作。

2）选择与重排图层的顺序

操作命令和工具只对当前图层起作用（除非其他图层与当前图层同时被选中或链接），所以在操作执行前要养成选择当前图层的习惯，否则就会将某个操作命令应用到其他图层的像素上，造成操作上的错误。当前图层的名称将出现在文档窗口的标题栏中。

选择当前图层的一种方法是在"图层"调板中的图层名称位置单击，使图层高亮显示，这时该图层就是当前图层，在如图 1-2-18 所示的"图层"调板中"花卉背景"图层就是当前图层。

另一种选择当前图层的方法是使用快捷菜单，只要使用移动工具在文件窗口中所要选择的图层图像区任意位置右击，就会弹出快捷菜单，菜单中列出了该点处含有图像的所有图层列表，如图 1-2-21 所示。

图 1-2-21　用快捷菜单选择当前层

Photoshop 不但可以选择一个图层，而且可以同时选择多个图层以便在上面工作。对于某些操作（如绘画以及调整颜色和色调），一次只能在一个图层上工作。

对于其他操作（如移动、对齐、变换或应用"样式"调板中的样式），可以一次选择多个图层并在上面工作。同时选择多个图层的方法是在"图层"调板上按住【Shift】键或【Ctrl】键的同时单击多个图层。其中，按住【Shift】键可选择多个连续的图层，而按住【Ctrl】键可选择多个不连续的图层。

图层的顺序决定了图像的显示结果，上层图层的不透明像素遮盖了下层图层。要调整图层顺序，可以执行"图层"|"排列"命令，也可以在"图层"调板中按住鼠标左键后拖动某个图层。用命令方式时，子菜单中的选择有以下几种：

（1）置为顶层，可将该图层置为最顶层。

（2）前移一层，可将该图层上移一层。

（3）后移一层，可将该图层下移一层。

（4）置为底层，可将该图层置为最底层（"背景"图层除外）。

3）观察和隐藏图层

单击如图 1-2-18 所示的"图层"调板中的"眼睛"图标，可以隐藏一个图层，此时"眼睛"图标不可见，表示该图层已被隐藏。再次单击此位置，"眼睛"图标又会出现，说明该图层是可见的。

如果要隐藏多个图层，只要在眼睛栏内拖动鼠标，则鼠标经过的栏中的图层被快速隐藏，再次拖动又会将它们显示出来。

在单击"图层"调板中"眼睛"图标的同时按住【Alt】键，则只显示该图层，其他图层都会被隐藏。

4）锁定图层

为了防止误操作而破坏图层中的图像，可以通过"图层"调板上的"锁定"选项来对图层进行有效的保护，如图 1-2-22 所示的 4 个锁定选项从左向右依次如下：

（1）锁定透明像素。对当前图层选择"锁定透明像素"选项后，所有编辑操作只对图层中含有图像的区域起作用，而透明区被保护。

（2）锁定图像像素。图像像素锁定后可保护当前图层的图像区和透明区，所有编辑绘画工具、编辑操作命令、滤镜命令对当前被图像像素锁定的图层不起作用。

（3）锁定位置。图层的位置被锁定以后，可以防止当前图层中图像位置的移动，此时移动工具将不能移动该图层的图像。

（4）锁定全部。当一个图层被完全锁定之后，当前图层（或图层组）被完全保护，所有编辑绘画工具、编辑操作命令、滤镜命令、图层模式设置对当前图层都不起作用。

5）合并图层

多图层的文件容易编辑，但是文件的容量较大，当多图层的文件分层编辑完成后，如果图像内容和位置不再修改，可用合并图层命令将图层合并，合并后所有图层中的图像会叠加为一层，而叠加后无图像的区域会保持透明。

图层合并的方法可以是在"图层"调板中用鼠标右键来打开快捷菜单，如图 1-2-23 所示。也可以在"图层"菜单中完成。其中：

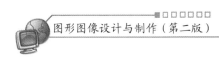

向下合并
合并可见图层
拼合图像

图层1副本

锁定: ▨ ✏ ✛ 🔒

图 1-2-22 "图层"调板中的 4 个锁定选项按钮　　　　图 1-2-23　用快捷菜单选择图层的合并方式

（1）向下合并：将当前图层与下面图层合并为一个图层，两个图层必须都可见。

（2）合并可见图层：当要合并多个图层时，可先使这些图层可见，并隐藏不想合并的图层，然后执行"合并可见图层"命令，可将多个图层合并为一个图层。

（3）拼合图像：多图层文件在确定不再编辑的前提下，可用"拼合图像"命令将所有可见层合并到背景中，这样既能减少文件大小，也可将其保存为其他不支持图层的文件格式。执行"拼合图像"命令后，所有的隐藏图层将被丢掉，可见层合为一个背景层，透明区会用白色填充。

✔拓展与提高

1. 图层的混合模式

图层的混合模式可确定图层中的像素如何与图像中的下层像素进行混合，图层上的图像叠加的默认模式为正常模式。在正常模式下，上层图像的颜色不会与下层图像的颜色相互混合。使用混合模式可以创建各种特殊效果。在"图层"调板左上角可以打开混合模式列表，如图 1-2-24 所示。混合模式的种类有 23 种，且用横线分隔成 6 组，每组混合模式有一定的相似性。以下将列举 3 种混合模式的叠加效果：变暗、变亮和叠加，如图 1-2-25 所示。

正常
溶解

变暗
正片叠底
颜色加深
线性加深

变亮
滤色
颜色减淡
线性减淡

叠加
柔光
强光
亮光
线性光
点光
实色混合

差值
排除

色相
饱和度
颜色
亮度

　　（a）变暗　　　　（b）变亮　　　　（c）叠加

图 1-2-24　图层的混合模式列表　　　　图 1-2-25　3 种图层的混合模式示例

2. 图层混合模式实验

（1）打开"图层的混合模式实验.psd"文件。"图层"调板如图 1-2-26 所示。

（2）图像文件中有 4 个图层，其中中间的两个图层分别由黑 RGB（0，0，0）、灰 RGB（128，128，128）和白 RGB（255，255，255）3 个区域构成，叠加以后会产生 9 个区域块，分别编号为 1～9 号，如图 1-2-27 所示。

图 1-2-26　"图层"调板

图 1-2-27　图像分为 9 个区域块

（3）将上层图层的混合模式依次改为变暗、变亮、叠加和差值。然后，根据混合后的结果填写以下表格（黑色用"0"表示；灰色用"1"表示；白色用"2"表示）。

颜色块号	1 号	2 号	3 号	4 号	5 号	6 号	7 号	8 号	9 号
上层颜色	0	0	0	1	1	1	2	2	2
下层颜色	0	1	2	0	1	2	0	1	2
变暗效果									
变亮效果									
叠加效果									
差值效果									

通过实验细心领会以下各种混合模式的含义：

① 变暗模式：只有当上层的图像颜色比下面相应像素的颜色暗时，才使用上层图像颜色，否则就显示下层图像颜色。实验结果是黑色块增多了，总体效果是整个图像变暗了。

② 变亮模式：效果正好与变暗模式相反，仅当上层的图像颜色比下面相应像素的颜色亮时，才使用上层图像颜色，否则就显示下层图像颜色。实验结果是白色块增多了，效果一般是提高了图像的亮度。

③ 叠加模式：能使暗颜色更暗，亮颜色更亮，中间色调进行混合。实验结果是灰色块减少，可以增加图像的对比度。

④ 差值模式：反转下层图像的颜色，当上层像素为白色时完全反转，为黑色时不反转，中间色在一定程度反转。

思考与练习

（1）任务一中用橡皮擦工具擦除图层中的图像信息，而在任务二中用图层蒙版来控制

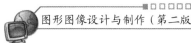
图像信息。认真体会一下这两种方法在操作上的区别，并讨论它们各自有什么特点。

（2）在什么情况下需要合并图层，而什么情况下不需要合并图层？请举例说明。

（3）参考本任务，将前景图像添加到"北京旅游"宣传海报中。

提 示

（1）对图像文件 sc1-2-2.jpg 进行裁剪，即改变画布大小。

（2）将修改后的图像文件复制到新图层中。

（3）调整图像大小，并修改图像的颜色使之与背景融合。

▶ 任务三　建立标题文字

任务描述

一张好的海报要构思奇特，创意简洁，能给人一种视觉上的冲击。海报主要由图像和文字组成，有的海报作品用文字来表现主题，所以标题文字也是表现主题的一种常用方法，但要注意突出字体效果，用色不要太杂。同样，电影海报不但要充分体现电影的内容，从内容中抽取比较壮观的画面来吸引消费者的眼球，而且还应有醒目的标题以突出海报的主题。下面就以电影名称"大地之歌"来制作海报的主标题。该任务的完成效果如图 1-3-1 所示。

图 1-3-1　任务完成效果

任务分析

电影海报通常可以有多种表现手法，通常的做法是突出主角明星、精彩场景以及其他一些电影特色。这里将电影名称中的一个"歌"字作为点睛之笔，吸引了众多影迷的注意和兴趣。建立标题文字用以下几大步骤来完成：①选用直排文字与画面中的人物交相呼应；②文字"大地"与"歌"选用不同的字体风格；③使用文字变形技术和图层投影样式来突出一个"歌"字，让它成为整个画面的视觉焦点。

方法与步骤

1．新建图层组

（1）打开在任务二中完成的"大地之歌.psd"文件。单击"图层"调板下方的"创建新组"按钮，增加一个"组 1"图层组，如图 1-3-2 所示。

图 1-3-2　新建图层组

（2）执行"图层"｜"重命名组"命令，将"组 1"图层组名称改为"电影名称"，如图 1-3-3 所示。也可以双击"图层"调板中"组 1"的名称，直接将图层组改名为"电影名称"。

图 1-3-3　图层组改名

2．输入直排文字

（1）右击工具箱中的文字工具，在弹出的快捷菜单中选择"直排文字工具"命令，如图 1-3-4 所示。

图 1-3-4　工具箱中的文字工具

（2）在文字工具选项栏中设置：字体为姚体，字体大小 30 点，文本颜色为白色，如图 1-3-5 所示。

图 1-3-5　文字工具选项栏

（3）单击文件窗口的右上部分，会出现一个闪动着的文本输入光标，然后输入文字"大地"，如图 1-3-6 所示。

图 1-3-6　输入了文字后的效果

（4）单击文字工具选项栏右边的"提交"按钮 ✔，或按数字键盘中的【Enter】键。注意观察"图层"调板中所增加的文本图层，如图 1-3-7 所示。图中文本图层"大地"比其他图层向右缩进了一定距离，表示该图层属于一个图层组内。

（5）使用移动工具将文字"大地"文字移至适当的位置。

图 1-3-7　新建了一个文本图层

3．输入横排文字

（1）选择横排文字工具，在文件窗口中"大地"文字下面单击，出现输入光标。输入一个文字"之"，然后提交确认，参见图 1-3-8，观察"图层"调板，在文本图层"大地"之上增加了一个名为"之"的文本图层，也属于"电影名称"图层组。此时从蓝色显示的图层上可以知道，当前图层由"大地"文本图层转换为"之"文本图层。

图 1-3-8　新建了名为"之"的文本图层

（2）在文字工具选项栏中设置字体为楷体，字体大小 15 点，如图 1-3-9 所示。

可以看到，当改变了文本选项栏中文字的属性之后，仅当前文本图层中的文字相应地被改变，而其他的文本图层中的文字保持原来的状态，不会受任务影响。

（3）使用移动工具将文字"之"移至适当的位置。同样，在改变文字位置时，只针对当前图层操作而不会影响到其他图层，这是图层技术的一个重要特点。

图 1-3-9　只改变当前文本图层的属性

4．制作文字变形效果

（1）选择横排文字工具，在文字"之"下面单击，输入文字"歌"，然后提交确认。

设置字体为"隶书"，字体大小 40 点，颜色为 RGB（255，255，0）。文字效果如图 1-3-10 所示。

（2）确保文本图层"歌"为当前图层，单击选项栏中的"创建文字变形"按钮，弹出"变形文字"对话框，进行各种样式和参数的调整，观察并体会各种样式和参数对文字效果的影响。

图 1-3-10　文字效果

（3）在"变形文字"对话框中进行设置：样式为"花冠"；垂直方向；弯曲为 30%；水平扭曲为 0%；垂直扭曲为-60%，如图 1-3-11 所示。确定后，文字"歌"的形状被改变，而且在"图层"调板中该文本图层的缩览图也会有些变化。

（4）调整文字位置。使用移动工具将文字"歌"移至适当的位置，如图 1-3-1 所示。

图 1-3-11　"变形文字"对话框

5．为图层添加投影效果

（1）设置文本图层"歌"为当前图层，单击"图层"调板下方的"添加图层样式"按钮，弹出"样式"选择菜单，如图 1-3-12 所示，选择"投影"样式。在弹出的"图层样式"对话框中使用默认设置，单击"确定"按钮后完成文字的投影效果，给文字"歌"添加一个"投影"图层样式。

图 1-3-12　添加图层样式

（2）观察"图层"调板，在文本图层"歌"的名称后面出现一个样式图标。样式图标后有一个三角按钮，单击可以展开或折叠样式效果。如图 1-3-13 所示显示的是样式效果被展开的状态。

（3）选中"电影名称"图层组，使用移动工具在文件窗口中调整 4 个文本图层的位置，结果 4 个文本图层同时被移动。完成效果见图 1-3-1。

（4）按【Ctrl+S】组合键，保存文件。关闭窗口，结束任务的操作。

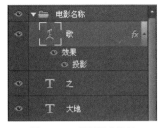

图 1-3-13 图层样式图标

相关知识与技能

1. 图层的组织与管理

Photoshop 运用图层组的技术来更好地管理和组织图层。只要内存允许，Photoshop 可以建立 8 000 个图层，使用图层组可以使多图层的"图层"调板更加简洁明了，也可以对组内的所有图层应用相同的属性和操作。图层组就像文件夹一样可以层层嵌套。

1）图层组的基本操作

对图层组除了可以像图层一样进行建立、复制、重命名、删除等操作，而且还能被嵌套创建，如图 1-3-14 所示就是一个嵌套的图层组。

图 1-3-14 嵌套的图层组

2）图层组的基本管理

每一个图层组在"图层"调板中用一个文件夹图标表示，单击文件夹图标左边的三角形按钮可以折叠或展开图层组。

将图层或图层组拖动到组文件夹中即将其添加到该图层组中，反之可以将其从图层组中分离出来。

2. 文本图层

选择文字工具可以创建文本图层,之后可以对文本图层中的文字进行诸如字体、大小、段落格式、环绕方式等属性的编辑，就如同在专门的文字处理软件中操作。

1）文本图层的创建与编辑

选择文字工具,在文件窗口中单击,为文字设置插入点,然后输入相关文字,按【Enter】键进行换行，按【Ctrl+Enter】键确认结束。如果要对已经存在的文本图层进行再编辑，可以先双击"图层"调板中该文本图层的缩略图，随后在文件窗口中进行编辑。

2）"文字工具"选项栏的设置

选择文字工具后，出现相应的选项栏，如图 1-3-15 所示。

图 1-3-15 文字工具选项栏

选项栏中各选项的作用如下：

A（更改文本方向）：选择横排文字或直排文字。

B（设置字体）：选择文字的字体。

C（设置字体样式）：选择粗体、斜体或粗斜体样式。

D（设置文字大小）：默认的文字度量单位是点，也可以输入其他单位（英寸、厘米、毫米、像素或派卡）。

E（设置消除锯齿的方法）：消除锯齿使文字边缘更加平滑。

消除锯齿选项包括：

"无"：不应用消除锯齿。

"锐利"：使文字显得最锐利。

"犀利"：使文字显得稍微锐利。

"浑厚"：使文字显得更粗重。

"平滑"：使文字显得更平滑。

F（文本的对齐方式）：选项栏中提供了右对齐（或顶对齐）、居中对齐、左对齐（或底对齐）3种文本的对齐方式。

G（设置文本颜色）：打开"拾色器"对话框，设置文本颜色。

H（创建文字变形）：打开"文字变形"对话框，对文字进行各种变形。

I（显示或隐藏"字符和段落"调板）：打开"字符和段落"调板。

3）文字的变形操作

对文字进行变形有两种方式：一是执行"图层"｜"文字"｜"文字变形"命令，或在选项栏中单击"创建文字变形"按钮，在"文字变形"对话框中对文字进行变形设置；二是执行"编辑"｜"自由变换"命令，或按【Ctrl+T】组合键，对文字的定界框进行大小、旋转和斜切的操作。

 拓展与提高

Photoshop 可以将某种效果应用于整个图层的图像之中，这样能够快速更改图层内容的外观。图层效果与图层内容进行链接，当移动或编辑图层内容时，图层的效果也会相应修改。

Photoshop 通过对图层进行以下几种样式的设置，可以产生一种或多种叠加的图层效果，使图像的编辑工作变得简单有趣，能实现无穷的创意。

- 投影：在图层内容的后面添加阴影。
- 内阴影：紧靠在图层内容的边缘内添加阴影，使图层具有凹陷外观。
- 外发光和内发光：添加从图层内容的外边缘或内边缘发光的效果。
- 斜面和浮雕：对图层添加高光与阴影的各种组合。
- 光泽：应用创建光滑光泽的内部阴影。
- 颜色、渐变和图案叠加：用颜色、渐变或图案填充图层内容。
- 描边：使用颜色、渐变或图案在当前图层上描画对象的轮廓。

1．运用预设样式制作一个简单的按钮

（1）新建文件。执行"文件"|"新建"命令，弹出"新建"对话框，按如图1-3-16所示进行对话框的设置。

图1-3-16 "新建"对话框

（2）选择椭圆选框工具。在工具箱中单击选框工具下三角按钮，弹出如图1-3-17所示的子工具，选择椭圆选框工具。

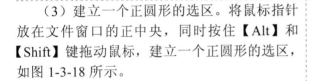

图1-3-17 4种选框工具

（3）建立一个正圆形的选区。将鼠标指针放在文件窗口的正中央，同时按住【Alt】和【Shift】键拖动鼠标，建立一个正圆形的选区，如图1-3-18所示。

图1-3-18 一个正圆形的选区

（4）在新图层上填充选区。设置前景色为红色RGB（255，0，0），新建一个图层，按【Alt+Delete】组合键，在新图层上的选区内填充红色像素，完成后的"图层"调板如图1-3-19所示。

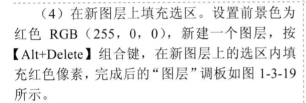

图1-3-19 填充后的"图层"调板

（5）设置图层样式

按【Ctrl+D】组合键，取消选区。执行"图层"|"图层样式"|"混合选项"命令，弹出"图层样式"对话框，选中"投影"和"斜面和浮雕"复选框，如图1-3-20所示。

图1-3-20 "图层样式"对话框

（6）练习完成后的效果如图1-3-21所示。

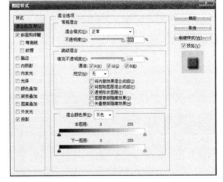

图1-3-21 按钮效果1

2．运用自定样式制作一粒珍珠

（1）新建文件。新建一个 30 毫米×30 毫米的 RGB 文件，填充背景色为浅蓝色，新建一个图层，在上面绘制一个白色圆形，如图 1-3-22 所示。

图 1-3-22　白色圆形

（2）设置样式属性。对"图层 1"图层创建图层样式，调出"图层样式"对话框，选中"斜面和浮雕"复选框，并进行如图 1-3-23 所示的设置。

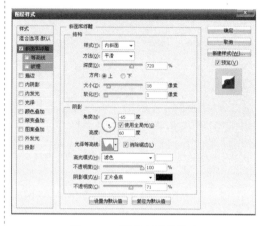

图 1-3-23　斜面与浮雕的设置

（3）等高线的设置。在"图层样式"对话框中设置等高线，如图 1-3-24 所示。单击"确定"按钮，退出"图层样式"对话框。

图 1-3-24　等高线设置

（4）练习完成后的效果如图 1-3-25 所示。

图 1-3-25　珍珠效果

思考与练习

（1）如图 1-3-26 所示，在什么情况下需要使用图层组？

（2）使用文字变形技术对"文字变形"4 个字制作如图 1-3-27 所示的效果。

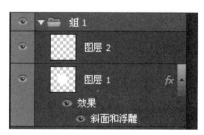

图 1-3-26　"图层属性"对话框

> **提示**
>
> 　　对"文字"二字进行自由变换操作，旋转 20°，水平斜切 30°。对"变形"二字进行文字变形，使用鱼形变形样式。

（3）使用图层样式技术制作霓虹灯发光文字，效果如图 1-3-28 所示。

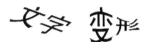

图 1-3-27　文字变形效果　　　　　　　　　图 1-3-28　霓虹灯发光文字效果

> **提示**
>
> 　　使用"内发光""外发光"和"颜色叠加"3 种图层样式，并适当调整各项参数。

▶ 任务四　制作海报的说明文字

任务描述

　　对于电影《大地之歌》，观众的期待主要有 3 个原因，第一是电影的全新概念包装；第二是影片的"中国首部"说法吸引了观众的好奇心；第三在看过大片以后观众出现普遍的"审美疲劳"，很需要这种画面优美而情节不是很多的电影来舒缓一下情绪。因此电影海报中除了图像还要有文字，如制片人，导演，主要演员等，完成效果如图 1-4-1 所示。

任务分析

图 1-4-1　任务完成效果

　　在海报的顶部，用"中国首部音乐风光艺术电影"文字加以突出本影片的特色，用来吸引观众的好奇心。在画面的中部，用段落文本区域制作一段影片的宣传文字，详细说明影片的一些全新的看点。画面的底部放置电影海报所特有的一些元素：出品单位、出品人、导演以及发行人等。

　　影片的相关资料如下。

1. 影片宣传文字

　　将艺术表现为人、自然、心灵三位一体的完整胶合，期望把中国纪录电影带入另一开阔境界；将让你悉心体会最具传奇色彩的马背民族意气风发、豪情万丈的英雄气概；牵引你飞跃城市的喧嚣和嘈杂，带你真正回归最原始、最自然的原生态世界。

2．影片制作单位和个人

出   品：北京君尚制片管理有限责任公司

     新疆伊犁哈萨克自治州党委宣传部

出 品 人：张晖

导 演：陈建军

发 行 人：黄一峰

摄 影：李雄

音 乐：赵小也

在制作方法上主要还是运用了文字与段落的编辑技术以及同图层相关的一些操作技巧，如图层合并等。同时也少量地使用了下一单元中将要学习的有关选区的操作。

方法与步骤

1．输入单行点文字

（1）在工作区的任意空白位置双击，弹出"打开文件"对话框，选中并打开在任务三中完成的文件"大地之歌.psd"。

（2）执行"窗口"|"工作区"|"CS6 新 增 功 能"命 令，将 Photoshop 的工作区转换到 CS6 新增功能状态。

（3）最大化"大地之歌"文件窗口，按【Ctrl+Alt+0】组合键，使图像放大到 100%。

按住【Space】键，当光标变成"手形"时向下拖动鼠标，直到将图像拖到画布的顶端，如图 1-4-2 所示。

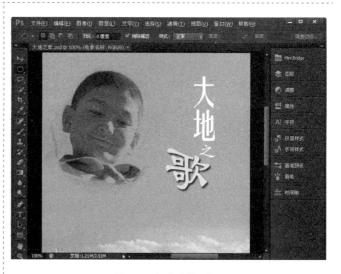

图 1-4-2　调整后的工作区

（4）在"图层"调板中单击"电影名称"图层组前面的三角形按钮，将该图层组折叠起来，并选中此图层组，作为当前图层组，如图 1-4-3 所示。

图 1-4-3　折叠图层组后的"图层"调板

（5）选择横排文字工具，在窗口中输入"中国首部音乐风光艺术电影"，设置文字选项栏中的字体为"黑体"，字体为 8 点，颜色为 RGB（255，255，0），按【Ctrl+Enter】组合键确定，如图 1-4-4 所示。

图 1-4-4   输入文字后的效果

（6）双击"图层"调板中该文本图层的缩览图，选中文本图层中的整行文本。文本缩览图中有一个大写的"T"，如图 1-4-5 所示。

图 1-4-5   文本缩览图

（7）单击工具选项栏中的"显示/隐藏'字符和段落'调板"按钮，打开"字符"调板，设置字距为 700，如图 1-4-6 所示。

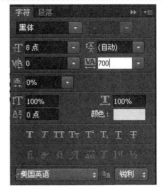

图 1-4-6   "字符"调板

（8）将光标放到文字的外面，指针变为十字箭头时拖动鼠标以调整文字的位置，如图 1-4-7 所示，按【Ctrl+Enter】组合键确定。

图 1-4-7   调整后的文字效果

2．建立文字背景

（1）执行"图层"｜"新建"｜"图层"命令，在"新建图层"对话框中输入图层名称为"文字背景"。

（2）在"图层"调板中拖动"文字背景"图层到文本图层的下方，调整图层堆叠顺序，互换两个图层的上下位置，如图 1-4-8 所示。

图 1-4-8   文字背景图层的位置

（3）按住【Ctrl】键的同时单击"图层"调板中的"文字缩览图"，如图 1-4-8 中大写字母"T"的地方。此时在文件窗口中的文字被虚线框围绕，虚线框中区域表示被选中的选区。

（4）执行"选择"｜"修改"｜"扩展"命令，在弹出的对话框中输入 2 个像素的扩展量。执行"选择"｜"羽化"命令，在弹出的对话框中设置羽化半径为 3 个像素。完成效果如图 1-4-9 所示。

图 1-4-9　创建了选区后的效果

（5）将前景色设成红色 RGB（255，0，0），以"文字背景"图层为当前图层（注意不要选错当前图层）。按【Alt+Delete】组合键，在"文字背景"图层上为选区填充前景色。

（6）执行"选择"｜"取消选择"命令，也可按【Ctrl+D】组合键，取消选区。操作完成之后，在文件窗口中将看到当前图层的选区被前景色（红色）填充，因为事先为选区做了羽化，所以红色部分的边缘呈现出虚化状，效果如图 1-4-10 所示。

图 1-4-10　填充颜色后的效果

（7）在"图层"调板中，修改"文字背景"图层的不透明度为 40%。

（8）按住【Alt】键的同时单击"图层"调板中"文字背景"图层的"指示图层可视性"图标，即"眼睛"图标 👁，让窗口只显示"文字背景"图层中的图像信息。

（9）单击"中国首部音乐风光艺术电影"文本图层前的"眼睛"图标，使该文本图层也可见。

（10）执行"图层"｜"合并可见图层"命令，将可见的两个图层合并为一个普通图层，以缩小图像文件的大小。

（11）分别单击其他各图层前的"眼睛"图标，或用鼠标在"眼睛"列上拖动，使图层全部可见。最终的图层结构如图 1-4-11 所示。

图 1-4-11　最终的图层结构

3．建立段落文字

（1）选择横排文字工具，单击工具选项栏中的"显示和隐藏'字符与段落'调板"按钮 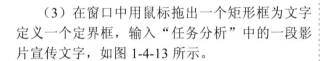，打开"字符"调板。

（2）单击"调板菜单"按钮，选择"调板菜单"中的"复位字符"命令，使各项参数恢复到原始状态。

参照图 1-4-12 设置字体为"宋体"；文本大小 5 点；行距 6 点；颜色为 RGB（255，255，0）。

"调板菜单"按钮

图 1-4-12　"字符"调板设置

（3）在窗口中用鼠标拖出一个矩形框为文字定义一个定界框，输入"任务分析"中的一段影片宣传文字，如图 1-4-13 所示。

图 1-4-13　段落文字图

（4）在"字符"调板上单击"段落"标签，打开"段落"调板。

（5）单击"调板菜单"按钮，选择"调板菜单"中的"复位段落"命令，使各项参数恢复到原始状态。

（6）设置对齐方式为"最后一行左对齐"，首行缩进 10 点，如图 1-4-14 所示。

图 1-4-14　"段落"调板设置

（7）将鼠标指针放到文字区域四周定界框上的控制点时，指针变成双向箭头，拖动鼠标以改变文字区域大小。

（8）将鼠标指针放到文字区域四周定界框的外面时，指针变成移动箭头，拖动鼠标以调整整个段落文字的位置，如图 1-4-15 所示。

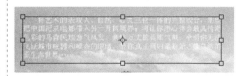

图 1-4-15　段落文字图

4．创建底部文字信息

（1）用横排文字工具输入文字，输入电影的出品单位和出品人等文字信息，设置字体为"黑体"；文本大小 4 点；颜色为白色 RGB（255，255，255）。

（2）使用移动工具调整各文字图层的位置，如图 1-4-16 所示。

图 1-4-16　底部文字信息

5．整理图层

（1）单击"图层"调板下方的"创建新组"按钮，增加一个"组 1"图层组，命名为"说明文字"。

（2）将刚才制作的 4 个图层拖入"说明文字"图层组中，"图层"调板变得更加简洁，如图 1-4-17 所示。

图 1-4-17　整理后的"图层"调板

相关知识与技能

1．文字图层的栅格化

文字图层不同于普通图层，某些命令和工具（如滤镜效果和绘画工具）不可用于文字图层。在应用这些命令或使用工具之前必须栅格化文字图层。栅格化将文字图层转换为普通图层，并使其内容不能再作为文本进行编辑。

选择文字图层后，执行"图层"｜"栅格化"｜"文字"命令，可以将该文字图层转换为普通图层。还有一种情况是选取了需要栅格化图层的命令或工具时（如这个任务中的"合并可见图层"命令），也会自动将文字图层栅格化，有时还会出现一条警告信息，如图 1-4-18 所示。

图 1-4-18　文字图层栅格化时的警告信息

2．"字符"调板

当选择了一个文字图层后，就可以对其中的所有字符进行设置。如果只选择了个别字符甚至单个字符，也可以对所选的字符进行单独设置。"字符"调板中对字符的设置非常精确，包括字体、大小、颜色、行距、字距、基线偏移等各种调整，其方便性和直观性甚至超过了一般的文字处理软件。

"字符"调板的使用方法是首先选中一个文字图层或者是个别字符，然后打开"字符"调板，对其中的各项内容进行精确的设置和修改。图 1-4-19 列出了几种参数设置的不同效果。

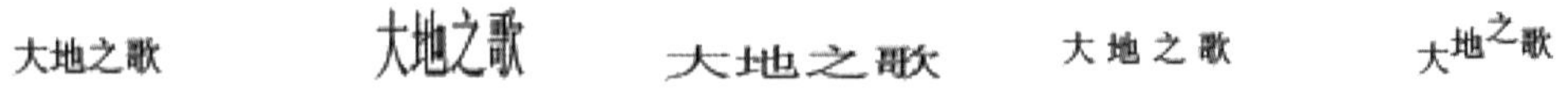

大地之歌	大地之歌	大地之歌	大 地 之 歌	大地之歌
（a）原始文字	（b）垂直 200%	（c）水平 200%	（d）字间距 300	（e）基线偏移

图 1-4-19　"字符"调板中几种参数设置后的不同效果

3．"段落"调板

与点文字相比，段落文字更能控制一个或多个段落的边界。因此，在有许多文字时采用这种方式输入文本十分有用。输入段落文字时，先在窗口中用鼠标拖出一个矩形区域，即段落文字的定界框，文字将基于定界框的尺寸换行。可以输入多个段落并在"段落"调板中调整各种选项。

段落文字图层与点文字图层可以进行相互转换,方法是选中要转换的文字图层,执行"图层"|"文字"|"转换为段落文字(点文本)"命令。

使用"段落"调板可以设置适用于整个段落的选项,如对齐、缩进和文字行间距。

拓展与提高

Photoshop 中的图层类型有很多,除了前面介绍的背景图层、常规图层以及文字图层以外,还有一种非常重要的图层类型,这就是填充与调整图层。

调整图层就像一张有色玻璃那样覆盖在其他图层之上,透过调整图层所看到的图像的颜色和色调都已经改变,但是图像本身的像素却丝毫没有变化,这就是调整图层的一个重要的特点或者说是优点。

填充图层可以用纯色、渐变或图案填充图层。与调整图层不同,填充图层不影响它们下面的图层。

下面通过几个实例来学习填充与调整图层的一些基本操作。

1. 运用填充图层技术制作一张充满金鱼背景的图片

1)自定义填充图案

打开 sc4-1.jpg 文件,执行"编辑"|"定义图案"命令,弹出"图案名称"对话框,如图 1-4-20 所示,输入图案名称"金鱼",单击"确定"按钮,关闭文件窗口。

图 1-4-20 "图案名称"对话框

2)选取白色背景

打开 sc4-2.jpg 文件,使用魔棒工具在图像的白色背景上单击,选取白色背景,如图 1-4-21 所示。

图 1-4-21 选取白色背景

3)填充自定义的图案

单击"图层"调板下方的"创建新的填充或调整图层"按钮,在弹出的菜单中选择"图案"命令,弹出"图案填充"对话框,选择"金鱼"图案后单击"确定"按钮,如图 1-4-22 所示。

图 1-4-22 "图案填充"对话框

4）设置填充图层的不透明度

设置填充图层的不透明度为 50%。完成设置后的"图层"调板如图 1-4-23 所示。

图 1-4-23　完成图层设置后的"图层"调板

5）保存图像

完成后的效果如图 1-4-24 所示。执行"文件"|"存储为"命令将图像保存为"填充图层.jpg"文件。

图 1-4-24　作品效果

2. 运用调整图层技术改变衣服颜色

1）打开文件，选取衣服

打开 sc4-3.jpg 文件，执行"选择"|"色彩范围"命令，弹出"色彩范围"对话框，如图 1-4-25 所示。

设置"颜色容差"为 100，然后用吸管工具在文件窗口模特衣服的亮部单击；再选择"添加到取样"吸管，在模特衣服暗部单击，使对话框中的衣服部分全部变为白色，确定后选中衣服。

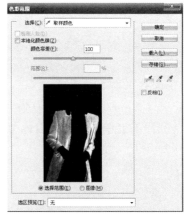

图 1-4-25　"色彩范围"对话框

2）创建调整图层

单击"图层"调板下方的"创建新的填充或调整图层"按钮，在弹出的菜单中执行"色相/饱和度"命令，弹出"色相/饱和度"属性面板，选中"着色"复选框，设置"色相"为 0，如图 1-4-26 所示。

图 1-4-26　"色相/饱和度"属性面板

3）保存图像

完成后"图层"调板中的各图层如图1-4-27所示。

隐藏"图层"调板中的调整图层，观察图像。执行"文件"｜"存储为"命令将图像保存为"调整图层.jpg"文件。

图1-4-27　调整图层

思考与练习

（1）在"图层"调板中有个"不透明度"的设置，请谈谈图层的不透明度起到什么作用？什么情况下不能改变图层的不透明度？

（2）按图1-4-28所示设置段落文字。样张中的文字内容如下：

人类在追求物质经济的高速发展时，忽视了人类生存空间的保护，人类对有限资源环境的无限开发，使地球日益面临危机，环保问题成为世界最为关注的问题。

于是"保护自然、保护环境、保护野生动物、节约土地资源、节约水资源以及防止水污染、防止空气污染、防止噪声污染"等题材成为公益海报呼吁的主题，以传达人类与大自然和谐共处的美好愿望。

> **提　示**
>
> 使用段落文字输入方法，并设置"字符"调板和"段落"调板中的相关属性。

（3）在不改变素材原有的图像内容的基础上，使用调整图层技术将彩色照片"sc4-3.jpg"制作成单色怀旧照片，如图1-4-29所示的效果。

人类在追求物质经济的高速发展时，忽视了人类生存空间的保护，人类对有限资源环境的无限开发，使地球日益面临危机，环保问题成为世界最为关注的问题。

于是"保护自然、保护环境、保护野生动物、节约土地资源、节约水资源以及防止水污染、防止空气污染、防止噪声污染"等题材成为公益海报呼吁的主题，以传达人类与大自然和谐共处的美好愿望。

图1-4-28　段落文字样张

图1-4-29　单色怀旧照片

> **提　示**
>
> 在"背景"图层上方创建一个"色相/饱和度"的调整图层，选中"着色"复选框，适当改变"色相""饱和度"和"明度"的值。

▶ 项目实训 中国水周——设计和制作公益海报

项目描述

水资源在社会发展中的重要性日益显现，对促进经济生产力、改善社会福利起到了重大的作用，为推动水的保护和持续性管理，我国将每年的 3 月 22 日到 28 日定为"中国水周"。2006 年的第十四届"中国水周"宣传活动的主题定为"转变用水观念，创新发展模式"。为此，中国水利部向社会公开征集宣传周海报设计作品。请设计并制作一张第十四届"中国水周"的公益宣传海报。

项目要求

为使海报的受众感受到水是生命之源，人类的生存和发展始终围绕水展开，从而认识到保护水资源，转变用水观念的重要意义，在作品中可以用到美丽富饶的大地、高楼耸立的城市、壮观宏伟的水利工程、蓝天白云等图像元素，还应加上适当的文字说明。在作品的处理上可以运用图层技术将四张图像巧妙地组合在一起，用橡皮擦工具擦除各图层中的图像边缘，使之自然地融合，形成一个整体。最后还应该添加标题和说明文字。作品完成后的效果如图 1-5-1 所示。

图 1-5-1 "中国水周"公益宣传海报

项目提示

（1）新建一个图像文件，设置宽度 20 厘米；高度 25 厘米；分辨率 200 像素/英寸；颜色模式为 RGB 颜色；白色背景。

（2）将"1-5-1.jpg"至"1-5-4.jpg"4 个文件依次复制到新文件中的各图层。

（3）用"自由变换"图层的方法调整 4 个新图层的大小和位置，如图 1-5-2 所示。

（4）用橡皮擦工具或蒙版图层方法修改图像，使各图层图像之间更加溶合。

（5）添加"转变用水观念，创新发展模式"等文字，并做适当的设置。

（6）以"中国水周.jpg"为名保存好文件。

图 1-5-2 不同图层中的四个图像

项目评价

能力	内 容		评价		
	学习目标	评价项目	3	2	1
职业能力	能正确使用 Photoshop CS6 工作界面	能使用菜单			
		能使用工具箱			
		能使用调板			
	能熟练操作图像文件	能新建和打开			
		能保存和关闭			
	能熟练使用"图层"调板	能创建和删除			
		能显示与隐藏			
		能复制与合并			
	能掌握文字的编辑	能创建文字			
		能编辑文字			
	能设置图层属性	能命名与转换			
		能管理图层组			
	能使用填充与调整图层	能使用填充图层			
		能使用调整图层			
通用能力	能清楚、简明地发表自己的意见与建议				
	能服从分工,主动与他人共同完成学习任务				
	能关心他人,并善于与他人沟通				
	能协调好组内的工作,在某方面起到带头作用				
	积极参与任务,并对任务的完成有一定贡献				
	对任务中的问题有独特的见解,起来良好效果				
综合评价					

表标题:项目实训评价表

单元二

上海美食——书籍装帧

书籍装帧是一本书的整体设计。图书与读者见面，第一印象就依赖于书籍的装帧设计。好的装帧设计不仅能招徕读者，使其爱不释手，同时书籍装帧设计的优劣还对书籍的社会形象有着非常重大的意义。

作为书籍的视觉中心，书籍的装帧设计集中地体现出书籍的主题精神和丰富内涵；本单元将通过制作书籍封面、护封、扉页和插图，来学习有关美食书籍装帧的制作方法。

能力目标

- 能了解书籍装帧的特点及制作要求

- 能应用版面设计中的辅助参考线，进行版面整体规划

- 能运用 Photoshop CS6 选框、套索、魔术棒、蒙版、通道、抽出滤镜等工具进行抠图

- 能使用变换选区进行选区的调整

- 能理解并灵活运用选区中的增加、减少、相交等工作模式

- 能使用路径转换为选区、选区与通道保存的方法进行图像处理

- 能应用各类蒙版并利用通道选区编辑合成文字和图片

任务一　制作书籍封面

任务描述

封面是书籍的门面，封面可以反映书籍的内容。在当今琳琅满目的书海中，书籍的封面起到无声的推销员作用。书籍封面设计能在读者与书籍之间构建起信息传达的视觉桥梁，它就像书籍内容的"缩写"。书籍封面的视觉传达效果直接影响读者的购买欲望。

本任务通过制作书籍《上海美食》的封面，目的在于通过独特的版面创意形成，学习有关书籍封面的基本知识和 Photoshop CS6 中选框的基本操作技术，开始书籍装帧的学习之旅。该任务完成后的效果如图 2-1-1 所示。

图 2-1-1　任务完成后的效果图

任务分析

本任务是以精美的上海美食为素材，利用参考线，对书籍封面进行版面的合理布局。为了节省系统资源，在制作时，以常用的书籍封面尺寸 16 开本为例，将图像缩小 4 倍，使用 105×70 毫米的尺寸。

具体制作可按下述几个步骤来完成：①先采用参考线，规划书籍封面的整体布局，分隔出书籍的封面、封底和书脊；②利用选框工具创建选区，并运用选区的移动、变换等方法制作封面背景；③结合选区增减的工作模式，为封面标题和 Logo 添加文字背景效果；④应用选区的变形等操作制作出菱形的图片和条形码，完成书籍的封面设计。

方法与步骤

1．新建文件"上海美食"

执行"文件"|"新建"命令，弹出"新建"对话框，输入文件名称为"上海美食"；设置宽度为 10.5 厘米；高度为 7 厘米；分辨率为 200 像素/英寸；颜色模式为 RGB 颜色；背景内容为白色，如图 2-1-2 所示。单击"确定"按钮退出。

图 2-1-2　"新建"对话框

2．创建参考线规化版面整体布局

（1）执行"视图"｜"标尺"命令或按【Ctrl+R】组合键，显示水平和垂直标尺。

在水平标尺刻度上方右击，弹出标尺单位菜单，设置标尺单位为"厘米"。

单击垂直标尺刻度线，出现默认蓝色参考线，如图2-1-3所示。使用移动工具拖曳垂直参考线至水平标尺刻度5厘米处，创建垂直参考线。

图2-1-3　参考线的设置

（2）使用相同方法，在5.5厘米和6.5厘米处创建垂直参考线，如图2-1-4所示。

提示

参考线浮在整个图像上，它是显示但不打印出来的线条，移动或删除参考线不影响任何图片编辑。

在Photoshop中，利用参考线可以精确定位，并对版面进行布局，同时不影响图像的任何编辑。

为避免不小心移动参考线，可执行"视图"｜"锁定参考线"命令或按【Alt+Ctrl+;】组合键，锁定参考线。

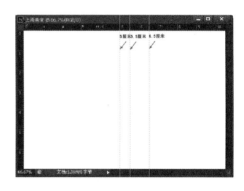

图2-1-4　参考线整体布局

3．制作绿色背景

（1）新建"封面背景"图层，利用工具箱中的矩形选框工具在6.5厘米的垂直参考线右端创建矩形选区，如图2-1-5所示。

设置前景色为RGB（4，215，54），按【Alt+Delete】组合键，用前景色填充选区，按【Ctrl+D】组合键取消选区。

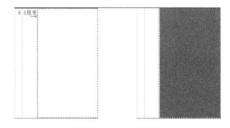

图2-1-5　绿色封面背景

（2）在5厘米和5.5厘米的垂直参考线中间，建立矩形选区，并填充前景色，如图2-1-6所示。

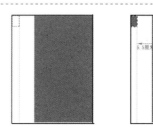

图2-1-6　建立选区并填充前景色

（3）利用【↓】键移动选区至封面底端位置，并填充前景色，按【Ctrl+D】组合键取消选区，如图 2-1-7 所示。

图 2-1-7　移动选区并填充前景色

4．制作咖啡色条形码

（1）新建"条形码"图层，在参考线 5.5 厘米的左端创建选区，设置前景色为 RGB（176，86，33），按【Alt+Delete】组合键，用前景色填充选区，按【Ctrl+D】组合键取消选区，如图 2-1-8 所示。

图 2-1-8　创建咖啡色条形码底色

（2）创建粗细相间的式样。创建线条形的矩形选区，用【←】键微移位置，并删除选区内容。

重复以上操作，调整选区移动的距离，并删除选区像素，创建粗细相间的式样，如图 2-1-9 所示。

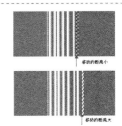

图 2-1-9　移动距离不同创建粗细相间的式样

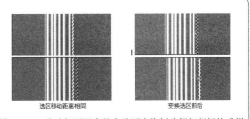

图 2-1-10　移动相同距离结合选区变换创建粗细相间的式样

5．复制扇面图形并调整大小位置

（1）打开 sc2-1-1.tif 文件，确保窗口中的 sc2-1-1.tif 和"上海美食"文件处于可见状态。选择移动工具 ，按住【Ctrl】键的同时拖动扇面图形至"上海美食"窗口中，复制扇面图片至"上海美食"文件中。

（2）按【Ctrl+T】组合键，调出自由变换控制框，调整扇面大小和位置，按【Enter】键确认操作结束。

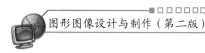
6．制作书名"上海美食"

（1）输入文字"上海美食"，设置文字字体为宋体、字号为 26 点、颜色为白色。右击"上海美食"图层，在弹出的快捷菜单中执行"栅格化图层"命令。将"文字"图层转换为常规图层。

按【Ctrl+T】组合键，自由文字变换大小，按【Enter】键确认操作。按住【Ctrl】键的同时单击图层缩略图，载入文字选区，如图 2-1-11 所示。

图 2-1-11　载入文字选区

（2）选择矩形选框工具，在其工具选项栏中单击"从选区上减去"按钮 ，选中"海"字区域，选区减少后如图 2-1-12 所示。

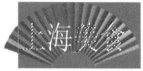

图 2-1-12　"海"字选区

（3）选择矩形选框工具，选中"食"字区域，选区减少后如图 2-1-13 所示。

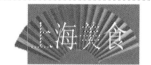

图 2-1-13　继续减去"食"字选区

（4）设置前景色为 RGB（4，215，54），按【Alt+Delete】组合键，用前景色填充选区，按【Ctrl+D】组合键取消选区，如图 2-1-14 所示。

图 2-1-14　"上""美"两字填充绿色

（5）新建"文字底色"图层，选择矩形选框工具，在其工具选项栏中单击"添加到选区"按钮 ，选中"上"和"美"字区域，如图 2-1-15 所示。

图 2-1-15　创建选区

（6）设置前景色为白色，按【Alt+Delete】组合键，用前景色填充选区，按【Ctrl+D】组合键取消选区，如图 2-1-16 所示。

图 2-1-16　填充白色文字背景

7．制作 Logo "品味生活"

（1）制作文字"品味生活"，方法同制作"上海美食"文字。字体为宋体，大小为 8 点。

（2）选择矩形工具，按住【Shift】键创建正方形选区，执行"编辑"｜"描边"命令，弹出"描边"对话框，设置颜色为绿色、宽度为 1 像素。单击"确定"按钮退出，完成后效果如图 2-1-17 所示。

图 2-1-17　文字 Logo "品味生活"

8．绘制螺旋线

（1）复制 sc2-1-2.tif 的螺旋线至文件中，自由变换大小并调整位置，如图 2-1-18 所示。

图 2-1-18　文字 Logo "品味生活"

（2）绘制白色螺旋线

按【Ctrl+J】组合键复制螺旋线图层，并执行"编辑"｜"变换"｜"水平翻转"命令，调整到相应的位置。

载入图层选区并将其填充白色，按【Ctrl+D】组合键取消选区，效果如图 2-1-19 所示。

图 2-1-19　文字 Logo "品味生活"

9．制作封面主图

复制 sc2-1-3.jpg 至文件中，调整图片大小和位置。

选择柔角橡皮擦工具，并设置适当的大小，在图片背景处进行擦除，直到边缘柔化效果满意为止，如图 2-1-20 所示。

图 2-1-20　柔角橡皮擦删除背景

10．制作封面辅图

（1）复制 sc2-1-4.jpg 至文件中，调整图片大小和位置。载入图片选区，如图 2-1-21（a）所示。

（2）执行"选择"｜"变换选区"命令，对选区进行细微调整，如图 2-1-21（b）所示。按【Enter】键确认操作结束。

（3）按【Ctrl+Shift+I】组合键反选选区，按【Delete】键删除选区像素，如图 2-1-21（c）所示。按【Ctrl+D】键取消选区。

（a）　　　　（b）　　　　（c）

图 2-1-21　变换和删除选区

（4）完成后按【Enter】键确认变换操作。效果如图 2-1-22 所示。

图 2-1-22　自由变换图片

11．用自定义形状工具绘制羽毛

（1）选择自定义形状工具，弹出如图 2-1-23 所示的选项列表，单击自定义形状工具。

📎 **提　示**

使用自定义形状工具可绘制直线、多边形、椭圆、圆角矩形、矩形等常用形状。

图 2-1-23　自定义形状工具

（2）在其工具选项栏中，选中"像素"工作模式，在画布内右击，在弹出的选择框内，单击右上角的三角按钮，在弹出的列表中选择"全部"选择，如图 2-1-24 所示。

图 2-1-24　自定义形状工具选项栏

12．绘制直线

设置前景色为黑色，选择画笔工具并设置画笔大小为 1 像素，其他选项为默认设置。

按住【Shift】键的同时拖动鼠标绘制直线。画笔工具设置如图 2-1-25 所示。

按样张完成相应的文字设计。

图 2-1-25　设置画笔工具

13．制作"书脊"分隔线

选择矩形选框工具，在垂直参考线 5 厘米和 5.5 厘米中间部分创建书脊部分的选区。

设置前景色为 RGB（4，215，54），执行"编辑"|"描边"命令，弹出"描边"对话框，在该对话框中设置宽度为 1 像素，单击"确定"按钮退出，如图 2-1-26 所示。

图 2-1-26　描边选区制作"书脊"部分分隔线

14．关闭并保存文件

关闭并且不保存素材文件，同时按【Ctrl+S】组合键，保存文件名为"上海美食"。

相关知识与技能

1．Photoshop CS6 选框选项栏的组成

Photoshop CS6 选框选项栏如图 2-1-27 所示。

图 2-1-27　选框选项栏的组成

图中：

A　选框种类

矩形选框工具 ：用来创建矩形选区。

椭圆选框工具 ：用来创建椭圆选区。

单行 或单列 选框工具：用来将边框定义为 1 像素宽的行或列。

B　选区工作模式

新选区：【Shift】键＋ ，功能同"添加到选区"；【Alt】键＋ ，功能同"从选区减去"。

添加到选区：显示为"加号"选区指针。效果如图 2-1-28 所示。

从选区减去：显示为"减号"选区指针。效果如图 2-1-29 所示。

与选区交叉：显示为"×"选区指针。效果如图 2-1-30 所示。

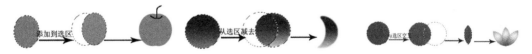

图 2-1-28　添加到选区效果　　　　图 2-1-29　从选区减去效果　　　　图 2-1-30　与选区交叉效果

C　在选项栏中指定选区羽化值，使选区填充颜色产生柔化边缘效果。

D　是否消除锯齿：开启消除锯齿设置，使椭圆选框边缘更为平滑。

E　选框样式与大小设置

正常：通过拖移确定选框的大小。

固定长宽比：设置高度与宽度间的比例，设置选框的大小。

固定大小：指定选框的高度和宽度值，设置选框的大小。

2．Photoshop CS6 选框的基本操作

- 选框工具配合【Shift】键：按约束比例建立正圆选区或正方形选区。
- 选框工具配合【Alt】键：从中心点建立选区。
- 反选选区：执行"选择"|"反选"命令或按【Ctrl+Shift +I】组合键。
- 选区的移动：【Shift】键配合移动工具，以 45°的倍数的方向移动；使用箭头键以 1 像素的增量移动选区；【Shift】键配合方向键以 10 像素的增量移动选区。

3．羽化

羽化就是边缘逐渐模糊的效果（见图 2-1-31），可通过选区工具（选框工具、套索工具、多边形套索工具或磁性套索工具）、菜单和快捷键的方式羽化选区边缘。羽化范围为 0 像素～250 像素。

图 2-1-31　羽化效果对比

- 使用菜单和快捷键方式羽化现有选区。

执行"选择"｜"羽化"命令或按【Ctrl+Alt+D】组合键。

- 使用选区工具方式羽化选区。

设置选区工具选项栏中的羽化值。

操作中若提示"任何像素都不大于 50%选择"，说明羽化半径大于选区，应减小羽化半径或增大选区大小。

- 选区变换方式：选区缩放、选区旋转、选区斜切、选区扭曲、选区透视、调整选区位置。
- 选区与路径的转换：使用钢笔工具或自定义形状工具绘制精确的路径轮廓，将路径转换为选区，也可将选区转换为路径，进行图像的编辑。

拓展与提高

利用 Photoshop CS6 选框不同的工作模式，结合选区变形、选区与路径的转换以及选区与滤镜组合操作，创意设计出交叉字和雾气的炫彩效果，为平面设计增添风采。

1．用选区与路径的转换制作交叉字

1）文字选区转换为交叉路径

输入文字"PHOTOSHOP"，字体为 Impact，110 点，如图 2-1-32 所示。

执行"文字"｜"创建工作路径"命令。

PHOTOSHOP

图 2-1-32　输入的文字

2）交叉文字路径

隐藏文字图层，使用路径选择工具 拖动文字进行叠加，效果如图 2-1-33 所示。

按住【Shift】键的同时连续单击全部字母，选中全部字母"PHOTOSHOP"。

图 2-1-33　叠加后的效果

3）将路径转化为选区，完成交叉字制作

选择路径选择工具 ，在其选项栏中单击"与选区交叉"按钮 。

切换至"路径"调板，单击"将路径作为选区载入"按钮 ，载入文字中除交叉位置的选区。

切换至"图层"调板，新建图层，用油漆桶将非交叉选区填充为黑色。按【Ctrl+Shift+I】组合键反选选区，用油漆桶将交叉处选区填充为红色，效果如图 2-1-34 所示。

图 2-1-34　文字最终效果

2．利用选区和滤镜制作雾气效果

1）用油漆桶和矩形选框工具建立直雾

打开文件 sc2-1-6.jpg，新建图层，用矩形选框工具建立选区，用油漆桶将选区填充为白色

向右移动选区，更改油漆桶工具选项栏中的不透明度，将选区填充为不同透明度的白色，效果如图 2-1-35 所示。

图 2-1-35　建立直雾

2）用切变滤镜制作雾气

执行"滤镜"｜"扭曲"｜"切变"命令，将直雾变换为扭曲的雾气，效果如图 2-1-36（a）所示。按【Ctrl+T】组合键自由变换雾气大小。

用适当大小的柔角橡皮擦工具删除雾气下端选区，让雾气与咖啡杯自然融合在一起，效果如图 2-1-36（b）所示。

（a）

（b）

图 2-1-36　雾气最终效果

思考与练习

（1）把郁金香插入花瓶内，操作过程如图 2-1-37 所示。

提示

利用椭圆选框工具将花朵的多余部分删除。

（2）动手实践操作：利用选区变换的功能，将平面的蝴蝶制作成立体的蝴蝶效果，如图 2-1-38 所示。

提示

分 4 次选中蝴蝶的翅膀，按样张对选区进行变换。

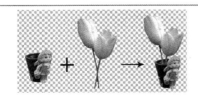

图 2-1-37　操作过程

图 2-1-38　立体蝴蝶效果

（3）用变换选区的方法建立背景图。

　　重复操作 3 次，建立椭圆选区，用变换选区的方法调整选区大小和位置，并填充不同颜色，如图 2-1-39 所示。

（4）利用 Photoshop CS6 选区的不同工作模式，结合选区变换、羽化等基本操作，制作花朵图片和经纬球立体效果，如图 2-1-40 所示。

羽化前　　　　　　　　　羽化后

图 2-1-39　填充不同颜色的椭圆选区　　　　　　图 2-1-40　花朵和经纬球效果

　　变换矩形选区为菱形选区，利用选区中减少的工作模式制作花朵效果并羽化选

利用从选区减去制作经纬线，并配合混合画笔制作星光效果。

任务二　制作书籍护封

任务描述

　　护封是书籍的重要组成部分，它不仅起到保护的作用，而且具有一定的广告宣传作用。护封设计首先要符合审美性、信息性和时代性原则，其次要在文字、图形、色彩、构图要素上进行设计。本例中的书籍护封以中国传统云纹作为装饰，搭配对比色构成书籍护封的主体色调，突出展示可口诱人的上海美食，并适当进行整体构图，增加美食书籍护封的宣传效果，如图 2-2-1 所示。

（a）任务完成效果　　　　　　（b）护封立体效果图

图 2-2-1　最终效果图

任务分析

护封作为精装书籍中必不可少的部分，既要有保护书籍的功能，更应体现出宣传书籍的作用。通过护封的巧妙设计，使读者对美食书籍爱不释手。具体制作可按以下几个步骤：①在制作过程中，所需的美食图片形状和图案不符合设计要求，因此在使用之前应作适当的处理，如用魔术棒分离云纹图像和背景；②对美食图片用橡皮擦对图像进行修改，对多边形区域填充颜色，并适时地对图片进行图案填充与描边等操作；③加入到背景图像之后，将其与背景合为一体；④在书籍设计中利用紫红和暗绿补色，增加视觉上的对比感。搭配诱人可口的美食图片，既起到装饰宣传的作用，又达到保护书籍的作用。

方法与步骤

1．新建文件"书籍护封"

执行"文件"｜"新建"命令，弹出"新建"对话框。输入文件名称为"书籍护封"；设置宽度为5厘米、高度为7厘米；分辨率为200像素/英寸；颜色模式为RGB颜色；背景为白色。单击"确定"按钮退出。

2．定位参考线

执行"视图"｜"标尺"命令，在窗口的上面和左面显示出标尺。在2.3厘米处创建垂直参考线，在1.3厘米和5.8厘米处创建水平垂直参考线，如图2-2-2所示。

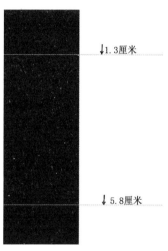

↓1.3厘米

↓5.8厘米

图2-2-2　护封背景

3．制作书籍护封的背景

新建"底色"图层，在2.3厘米的垂直参考线左端，利用矩形选框工具建立矩形选区，将前景色设为RGB（200，40，20），用油漆桶填充紫红色。按【Ctrl+D】组合键取消选区。

4．用魔术棒工具选中云纹图案

打开文件sc2-2-1.jpg，选择魔术棒工具，单击云纹图片窗口中的绿色区域，如图2-2-3所示，选中图片中的绿色云纹区域。

图2-2-3　选中绿色区域

5．从背景中分离出云纹图案

按【Ctrl+Shift+I】组合键，反选选区，删除背景选区像素，效果如图 2-2-4 所示。按【Ctrl+D】组合键取消选区。

图 2-2-4　删除背景选区像素

6．导入云纹图案

（1）打开 sc2-2-1.jpg 文件，确保窗口中 sc2-2-1.jpg 和"书籍护封 psd"文件处于可见状态。选中移动工具，按住【Ctrl】键的同时拖动云纹图形至"书籍护封"窗口中，复制云纹图案至书籍护封文件中，并命名为云纹。

（2）按【Ctrl+T】组合键，调出自由变换控制框，调整扇面大小和位置，按【Enter】键确认操作结束，如图 2-2-5 所示。

（3）执行"编辑"|"描边"命令，弹出"描边"对话框，在该对话框中设置颜色为白色，宽度为 2 像素。单击"确定"按钮退出。

图 2-2-5　调整扇面大小

7．复制并水平翻转云纹

（1）右击"云纹"图层，在弹出的快捷菜单中执行"复制图层"命令，复制云纹图层。

（2）执行"编辑"|"变换"|"水平翻转"命令，并调整至合适位置，效果如图 2-2-6 所示。

图 2-2-6　复制翻转云纹效果

8．用矩形和套索工具制作云纹背景

（1）按住【Ctrl】键的同时单击下方的云纹图层缩略图，载入下方的云纹选区。

（2）新建图层，确保云纹在选区，选择矩形选框工具，在其工具选项栏中单击"添加到选区"按钮，添加选区范围，如图 2-2-7 所示。

（3）按【Alt+Delete】组合键，用前景色填充选区。按【Ctrl+D】组合键取消选区。

图 2-2-7　添加选区

9. 添加黑色分隔线

（1）用矩形选框工具在 2.3 厘米的垂直参考线处建立矩形选区。

（2）设置前景色为黑色，按【Alt+Delete】组合键，用前景色填充选区。按【Ctrl+D】组合键取消选区。

10. 复制美食图片并处理图片边缘

复制美食图片 sc-2-2-2.jpg 至"书籍护封.psd"中，按【Ctrl+T】组合键，调出自由变换控制框，调整扇面大小和位置，按【Enter】键确认操作结束，如图 2-2-8 所示。

图 2-2-8　处理图片后的效果

11. 用多边形套索工具删除紫红色背景

（1）选择多边形套索工具 ，使用选项栏上的系统默认设置，鼠标指针显示为多边形套索形状，在选区顶点处单击，双击闭合选区。建立如图 2-2-9（a）所示的选区。

（2）按【Delete】键删除选区内像素，如图 2-2-9（b）所示，按【Ctrl+D】组合键取消选区。

（a）　　　　　　　　（b）

图 2-2-9　删除建立选区内的像素

12. 在碟子下方填充灰白小花背景图案

（1）选择矩形选框工具，建立如图 2-2-10（a）所示的选区。

（2）执行"编辑"|"定义图案"命令，弹出"图案名称"对话框，如图 2-2-10（b）所示。将选区中的图案定义为填充图案，名称为"图案 1"。单击"确定"按钮退出。

（a）

（b）

图 2-2-10　定义并命名填充图案

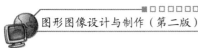
（3）选择磁性套索工具，鼠标指针显示为磁性套索形状，单击并沿对象边缘一直拖动，直至回到开始处释放鼠标，创建的选区如图 2-2-11（a）所示。

选择其他选区工具，在其工具栏上增减选区工作模式，精确调整选区范围，如图 2-2-11（b）图所示。

按【Delete】键的同时删除"美食图片"和"底色"图层选区的像素，如图 2-2-11（c）所示。

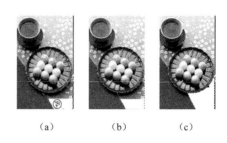

（a）　　　（b）　　　（c）

图 2-2-11　删除选区中的像素

（4）确保选区被选中，执行"编辑"|"填充"命令，弹出如图 2-2-12（a）所示的"填充"对话框，单击"自定图案"下拉按钮，在弹出的列表中选择定义的"图案 1"选项，设置不透明度为 50%。填充定义的图案填充至选区范围内，按【Ctrl+D】组合键取消选区。

填充前后的效果如图 2-2-12（b）所示。

（a）

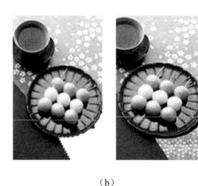

（b）

图 2-2-12　填充前后的效果

（5）选择柔角橡皮擦工具，设置合适的大小，擦除图片中杯子和餐点的上部区域，直至满意为止，如图 2-2-13 所示。

图 2-2-13　擦除杯子和餐点上部区域

13．关闭并保存文件

关闭且不保存素材文件，然后按【Ctrl+S】组合键，保存制作好的书籍护封文件名为

"书籍护封"。

相关知识与技能

1. 套索选择工具

套索选择工具适合选择颜色复杂而边缘为不规则曲线或直线段的图像区域,通过跟踪绘制图像轮廓形成选区。操作中应针对图像的具体边缘情况,灵活使用各种选择工具(套索工具、多边形套索工具和磁性套索工具)和不同工作模式进行图像选择。

- 套索工具:绘制过程中,按住【Alt】键,再释放鼠标左键,套索工具则变成多边形套索工具。
- 多边形套索工具:绘制直线选区区域。
- 磁性套索工具:快速选择与背景对比强烈且边缘复杂的对象。在拖动鼠标的过程中,磁性套索工具将紧固点添加到选区边框上。抠取颜色反差大、边缘明显的图像。
- 快速闭合选区:如果鼠标指针不在起点上,则双击套索工具闭合选区。
- 增加选取范围:按住【Shift】键的同时拖动套索工具,其功能与添加到选区工具相同。
- 减少选取范围:按住【Alt】键的同时拖动套索工具,其功能与从选区减去工具相同。

2. 颜色范围选择工具——魔术棒

利用魔术棒工具可选择图片的色彩范围,选择颜色比较接近的图像区域。设置容差值越大,选区范围越大,反之选区范围越小。

- 连续的:容差范围内的所有相邻像素都被选中,否则只选中容差范围内同色像素。
- 用于所有图层:选择所有可见图层中的数据颜色。否则,魔术棒工具只选择当前图层中的颜色。
- 色彩范围:执行"选择"|"色彩范围"命令,设置取样颜色,预设颜色等选择图像的颜色选择范围。

3. 历史记录、历史记录画笔和历史记录艺术画笔恢复工具

- 利用历史记录可默认撤销与恢复最近 20 个操作状态记录。
- 单击历史记录调板上的"建立新快照"按钮,可增加历史记录状态,同时可快速恢复到建立快照的编辑状态,方便图像编辑处理。无论何种操作,系统均会保存该快照状态。
- 历史记录画笔和历史记录艺术画笔都属于恢复工具,需配合"历史记录"调板使用。相比历史记录,更具有笔刷的性质。

历史记录是线性的,改变以前的历史将会删除之后的记录。无法在保留现有效果的前提下,去修改以前历史中所做过的操作。

- 历史记录画笔工具 可以不返回历史记录,直接在现有效果的基础上抹除历史中某一步操作的效果,达到更改的目的。

历史记录画笔工具 利用"快照"命令,创建图像编辑状态的快照,并记录该快照的画笔状态和操作步骤,并使用该快照中的记录操作或历史记录中的历史画笔工具,对图像或选区进行同样的编辑操作,简化操作。

- 历史记录艺术画笔工具 在保留历史记录画笔工具功能的同时,设置不同的参数和画笔式样,可以得到不同风格的笔触,创建不同的色彩和艺术风格的特殊绘画作品。

拓展与提高

（1）使用历史记录画笔，将图像编辑中的某个操作状态还原出来。

原理：对图像进行去色、高斯模糊和添加杂色操作，并建立3个操作的快照。用历史记录画笔将图像各部分选区范围快速涂出不同层次去色、模糊和添加杂色效果。

① 建立"去色"操作快照。打开文件 sc2-2-3.jpg，对原始图片 sc2-2-3.jpg 执行"图像"｜"调整"｜"去色"命令，如图 2-2-14 所示。

切换到"历史记录"调板，单击"创建新快照"按钮，建立快照并命名为"去色"。

图 2-2-14　去色后的效果

② 建立"添加杂色"操作快照。对原始图片 sc2-2-3.jpg 执行"滤镜"｜"杂色"｜"添加杂色"命令，弹出"添加杂色"对话框，在对话框中进行适当的设置，单击"确定"按钮退出，如图 2-2-15 所示。

单击"历史记录"调板中的"创建新快照"按钮，建立快照并命名为"添加杂色"。

图 2-2-15　添加杂色后的效果

③ 建立"高斯模糊"操作快照。对原始图片 sc2-2-3.jpg 执行"滤镜"｜"模糊"｜"高斯模糊"命令，弹出"高斯模糊"对话框，在该对话框中进行适当的设置，单出"确定"按钮退出，如图 2-2-16 所示。

单击"历史记录"调板中的"创建新快照"按钮，建立快照并命名为"高斯模糊"。

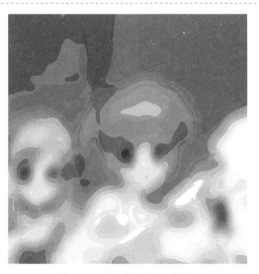

图 2-2-16　进行高斯模糊后的效果

④ "历史记录"调板。"历史记录"调板中的操作按先后顺序显示，如图 2-2-17 所示。

图 2-2-17　各操作顺序排列

⑤ 用历史记录画笔对原始文件涂抹去色的操作步骤。

第一步：选中"历史记录"调板中"去色"快照的"历史记录画笔工具"，如图 2-2-18 所示。

第二步：用矩形选框工具建立需还原"去色"操作的选区。

第三步：在该选区内，用"历史记录画笔"涂抹，完成选区内的去色操作。同时可以设置画笔不同的透明度和流量的各类效果。

图 2-2-18　去色操作步骤

⑥ 用历史记录画笔涂抹，在不同选区范围内完成不同层次的高斯模糊、去色、添加杂色效果

重复前面的操作，完成如图 2-2-19 所示的效果。

图 2-2-19　使用不同操作的效果

（2）利用历史记录艺术画笔，制作印象派风景画效果图。

① 打开文件 sc2-2-4.jpg，如图 2-2-20 所示，新建"图层 1"，填充灰色（#CDC7C7）。

图 2-2-20　填充灰色

② 选择历史记录艺术画笔工具 ，设置画笔大小为 9，样式"绷紧短"，区域为 500 像素，容差为 0%，不透明度为 73%。

利用历史记录艺术画笔工具在画中随意涂抹，效果如图 2-2-21 所示。

图 2-2-21　涂抹后的效果

（3）更改图层 1 样式。复制"图层 1"图层，更改图层模式为"强光"。效果如图 2-2-22 所示。

图 2-2-22　强光图层效果

（4）添加强化边缘滤镜。执行"滤镜"|"滤镜库"|"画笔描边"|"强化的边缘"命令，弹出如图 2-2-23 所示的对话框。设置边缘宽度为 1、边缘亮度为 3、平滑度为 15。单击"确定"按钮退出。

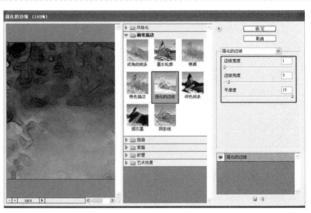

图 2-2-23　设置强化边缘滤镜

（5）图片效果对比。用"历史记录画笔"涂抹后，图片强化边缘滤镜效果与直接强化边缘滤镜效果比较，前者效果更富有层次感和印象派的风格，如图 2-2-24 所示。

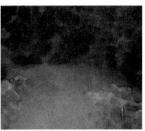

图 2-2-24 两种风格的对比

依据使用历史记录艺术画笔制作特效图片的思路，掌握方法之后，可以根据自己的爱好，尝试使用其他滤镜，通过更改艺术画笔的参数等操作融会变通产生新的艺术效果。

思考与练习

（1）利用套索、魔术棒工具去除图片背景，如图 2-2-25 所示。

提示

利用套索工具和魔术棒工具将图像背景选取之后再删除。

（2）利用选框工具和变换选区的方法，将图像制作为"橘皮瓜瓤"的效果，如图 2-2-26 所示。

提示

① 用椭圆选框工具将橘瓤中心部分选中。
② 使用"变换选区"命令将橘瓤全部选中。
③ 使用"贴入"命令合成"橘皮瓜瓤"图像。

多边形套索工具　　魔术棒或多边形套索+套索工具　　磁性套索工具

图 2-2-25 合成图片效果

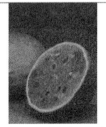

图 2-2-26 水果换心效果

（3）利用套索、魔术棒、选框工具合成图片，效果如图 2-2-27 所示。

提示

利用魔术棒、套索、选框工具的特性，将多个文件中的图案抠出，然后合成在一张图像中。

（4）制作出拼图效果图片，如图 2-2-28 所示。

提示

利用"拼贴滤镜"处理图片后，用魔术棒工具删除图像中的白色像素。

图 2-2-27　合成图片最终效果

图 2-2-28　拼图效果

任务三　制作书籍扉页

任务描述

扉页的作用首先是补充书名、著作、出版者等项目；其次是装饰图书增加美感。书籍的扉页要构思奇特，创意简洁，能给人一种视觉的冲击。通过扉页的内容，补充书籍封面所要传达给读者的信息，让读者对书籍有更进一步的了解。本任务以"浪漫假日餐"为主题，来学习制作美食书籍的扉页。

任务分析

书籍扉页的表现手法众多，常以突出主题，吸引读者为目标，让扉页设计成为书籍装帧设计中的亮点。在浪漫假日餐的扉页设计中，用文字倡导现代的生活理念：健康和品质的同时，结合传统的中式菱形图案作为背景，配合诱人的美食进行装饰。具体制作可按以下两个步骤完成：①通过蒙版制作出曲线天空图案和圆形的美食餐点；②用描边和填充完成厨师图片和文字背景的细节处理，使其融合为一体，最终完成书籍扉页的设计。任务完成效果如图 2-3-1 所示。

图 2-3-1　任务完成效果

方法与步骤

1. 新建文件"书籍扉页"

按【Ctrl+N】组合键，弹出"新建"对话框，输入文件名称为"书籍扉页"；设置宽度为 5 厘米，高度为 7 厘米；分辨率为 200 像素/英寸；颜色模式为 RGB 颜色；背景内容为白色。单击"确定"按钮退出。

2. 定位参考线

执行"视图"｜"标尺"命令，显示标尺。在 2.3 厘米和 3.8 厘米处创建水平参考线；1.3 厘米和 2.5 厘米处创建垂直参考线。

3．使用"粘贴入"方法制作天空图层蒙版

（1）打开文件 sc2-3-1.tif，复制图层至书籍扉页文件中，并命名图层为"云"。

（2）载入图层"云"的选区，执行"选择"|"修改"|"收缩"命令，弹出"收缩"对话框，设置收缩量 3 个像素。单击"确定"按钮退出。

（3）打开 sc2-3-2.jpg 文件，按【Ctrl+A】组合键载入整个图片选区，按【Ctrl+C】组合键复制选区内的像素。

（4）切换至书籍扉页文件中，选中"云"图层并保持原有选区状态下，执行"编辑"|"选择性粘贴"|"贴入"命令，自动产生蒙版图层。效果如图 2-3-2（a）所示。

（5）单击图层蒙版链接图标，链接蒙版图层中的图像与蒙版。按【Ctrl+D】组合键取消选区。"图层"调板如图 2-3-2（b）所示。

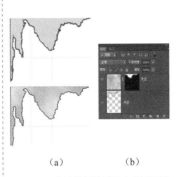

（a）　　　　（b）

图 2-3-2　使用蒙版效果图及蒙版图层分布图

4．制作黑色分隔线

选中背景图层，在 2.5 厘米的垂直参考线处，新建"分隔线"图层，建立矩形选区，用油漆桶将选区填充为黑色。

5．使用"粘贴入"方法制作菜品的图层蒙版

（1）新建"圆形图"图层，在 1.3 厘米的垂直参考线左端创建 3 个椭圆选区。注意中间的圆形在 3.8 厘米的水平参考线的下端，然后对选区进行蓝色填充。

（2）按钮【Ctrl】键的同时单击"圆形图"图层，载入图层"圆形图"的选区，选择矩形选区工具中的"从选区中减去"工作模式，显示第一个正圆的选区。

（3）参考步骤 3 自动生成图层蒙版，如图 2-3-3（a）所示。

（4）在图层编辑状态下，按【Ctrl+T】组合键，调整图片大小和位置，链接图层与蒙版，如图 2-3-3（b）所示。按【Ctrl+D】组合键取消选区。

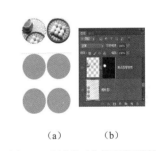

（a）　　　　（b）

图 2-3-3　调整前后的菜品图层蒙版

（5）采用相同的方法，创建另外两个圆形选区的菜品图层蒙版。

（6）选中"圆形图"图层，载入图层选区，执行"选择"|"修改"|"扩展"命令，弹出"扩展"对话框，设置扩展量为 4 像素。单击"确定"按钮退出。

执行"编辑"|"描边"命令，弹出"描边"对话框，设置颜色为红色，亮度为 2 像素。单击"确定"按钮退出，效果如图 2-3-4 所示。

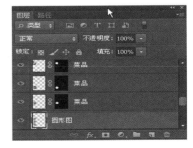

图 2-3-4　描边后菜品图层蒙版

6. 用画笔工具制作杯子图片的图层蒙版

（1）打开文件 sc2-3-6.jpg，复制到书籍扉页图层中。参考样张，按【Ctrl+T】组合键，自由变换图片大小，按【Enter】键确认操作结束。效果如图 2-3-5 所示。

图 2-3-5　复制杯子图片

（2）单击"图层"调板下方的"添加图层蒙版"按钮，建立图层蒙版。

用黑色画笔（设置为合适大小）在蒙版中涂抹，隐藏图片的图像内容。如果出现误操作，可用白色画笔涂抹还原图像中的信息，直至满意为止。蒙版图层如图 2-3-6 所示。

> **提 示**
>
> 蒙版中的黑色表示不显示，白色表示完全显示，不同色阶的灰度则不同程度地隐约显示。

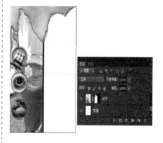

图 2-3-6　杯子图层蒙版

7. 建立红色菱形 Logo 图形

（1）新建图层并命名为"菱形"，按住【Shift】键的同时使用矩形选框工具建立正方形选区，用油漆桶填充红色。

（2）按【Ctrl+T】组合键，自由变换图片大小并以 45°旋转图片至菱形位置。按【Ctrl+D】组合键取消选区。

（3）新建图层并命名为"装饰"，选择自定义形状工具，单击"填充像素"按钮，绘制花冠形图案。

（4）按【Ctrl+J】组合键复制该图案 3 次，按【Ctrl+T】组合键旋转花冠形图案，按【Enter】键确认变换操作，效果如图 2-3-7 所示。

图 2-3-7　菱形 Logo 图形

（5）输入文字"假日餐"，设置字体为隶书，大小为 10点，输入文字"浪漫"，设置字体为华文新魏，大小为 6点。

8．制作文字背景

（1）输入文字"品味人生"，设置字体为宋体，大小为 12 点；输入文字"童心草著"和"美味人生伴侣，生活有你而充满健康"，设置字体为宋体，大小为 6 点。

（2）选择矩形选框工具，填充如图 2-3-8 所示的玫红、蓝色、明黄、橙色的文字背景。

图 2-3-8 文字背景

（3）载入"品味人生"图层的选区，执行"编辑"｜"描边"命令，弹出"描边"对话框，在该对话框中设置描边宽度为1pt，单击"确定"按钮，添加黑色1pt的边框线。

（4）选择自定义形状工具中的圆角矩形，单击"填充像素"按钮，建立圆角矩形选区。用油漆桶填充橘红色（#F4A03），效果如图 2-3-8 所示。

9．制作厨师图片外发光

打开文件 sc2-3-7.jpg，使用移动工具将其图像拖动至书籍扉页中，调整图片位置与大小，单击"图层"调板下方的"添加图层样式"按钮，在弹出的菜单中选择"外发光"命令，弹出"图层样式"对话框，设置厨师图像的图层样式为"外发光"，透明彩虹，不透明度为 75%，大小为 5 像素，其他参数保持默认选项。参数设置如图 2-3-9 所示，单击"确定"按钮退出。

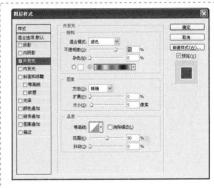

图 2-3-9 厨师图片外发光

10．制作厨师图片底色

（1）载入"厨师图片"选区，执行"选择"｜"修改"｜"扩展"命令，弹出"扩展"对话框，设置扩展量为 8 像素，填充颜色为朱红色（#F14220）。效果如图 2-3-10（b）所示。

（2）在选区状态下，执行"选择"｜"羽化"命令，弹出"羽化对话框，设置羽化半径为 7 像素；执行"选择"｜"修改"｜"扩展"命令，弹出"扩展"对话框，设置扩展量为 8 像素，单击"确定"按钮退出，填充粉红色（#FFB1B1），效果如图 2-3-10（b）所示。

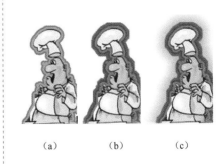

（a）　　　　（b）　　　　（c）

图 2-3-10 厨师图片底色

11．关闭素材文件并保存文件

关闭并保存素材文件，然后按【Ctrl+S】组合键，将文件保存为"书籍扉页"。

相关知识与技能

Photoshop 运用蒙版技术，最神奇之处是不破坏原始的图像内容来对图层或图层组中的区域实现不同程度的遮挡和屏蔽，从而实现不同层次的显隐。避免用橡皮擦工具修图后，原图被破坏的问题。

蒙版类型分为图层蒙版和矢量蒙版。图层蒙版是用绘画工具（画笔、喷枪、渐变）或选择工具（选区）创建的蒙版，由蒙版色阶控制图层显隐，矢量蒙版是由钢笔或形状工具创建的蒙版，由路径控制图层的显隐。

蒙版相关项目如图 2-3-11 所示，图中：

A 图层蒙版链接图标：建立图像和蒙版的关联，链接时蒙版和图像可同时移动、旋转等变换类操作。

B 矢量蒙版链接图标：作用同图层蒙版链接图标。

C 图层蒙版缩略图。

D 矢量蒙版缩略图。

图 2-3-11　图层蒙版与矢量蒙版图层调板

1. 图层蒙版

蒙版的作用是利用黑白灰的画笔或渐变工具等对蒙版进行编辑，采用蒙版上黑白灰的不同色阶值，对图层中的图像进行不同程度的遮挡。黑色完全遮挡住图像，白色不遮挡，灰色是以不同透明度隐约遮挡，如图 2-3-12 所示。

1）添加图层蒙版

添加显示全部的图层蒙版：在"图层"调板中单击"添加图层蒙版"按钮 。

添加隐藏全部的图层蒙版：按住【Alt】键的同时在"图层"调板中单击"添加图层蒙版"按钮 。

图层蒙版中的黑色区域完全遮挡住图像，白色区域不遮挡图像，灰色区域是隐约遮挡图像。

图 2-3-12　黑、白、灰蒙版对图片的遮挡情况

2）创建选区的蒙版

保证在选区状态下，在"图层"调板中单击"添加图层蒙版"按钮 ，创建显示选区的蒙版。或者执行"图层"|"添加图层蒙版"|"显示选区"或"隐藏选区"命令。

3）显示图层蒙版

按【Alt】键的同时单击图层蒙版缩略图，显示该灰度图层蒙版。

4）编辑图层蒙版

选中图层蒙版缩览图，成为当前激活状态。选择绘画工具（画笔或喷枪）或选择工具（选区）颜色渐变等编辑蒙版。在该灰度图层蒙版区域中，涂成白色显示图像区域，反之涂成黑色隐藏图像区域，隐约显示图像则将蒙版涂成不同层次的灰色。

5）删除图层蒙版

将蒙版缩览图拖到"回收站" 中。

6）停用或启用图层蒙版

右击蒙版缩略图，执行"启用图层蒙版或停用图层蒙版"命令，停用蒙版时，"图层"调板中的蒙版缩览图上会出现一个红色的×，并且会显示出不带蒙版效果的图层内容。

2．矢量蒙版

采用钢笔或自定义形状工具创建的蒙版，是由路径控制图层的显隐。对矢量蒙版的变形操作不会影响图层中图像的质量和分辨率，矢量蒙版的基本操作方法类似于图层蒙版。

如要将矢量蒙版转换为图层蒙版，选择要转换的矢量蒙版所在的图层，执行"图层"|"栅格化"|"矢量蒙版"命令。一旦栅格化了矢量蒙版，就无法再将它还原为矢量对象，同时矢量属性不复存在。

3．剪贴蒙版

在剪贴蒙版组中，通过基底图层（主层）上的形状和不透明度，蒙盖显示上面的图层（辅层）的图像内容，如图 2-3-13 所示。

A 为辅层，其中为图层的图像内容。

B 为基底图层（主层），用于控制辅层的显示范围和显示透明度。

图 2-3-13　剪贴蒙版图层分布图

1）创建剪贴蒙版

按住【Alt】键，将指针放在"图层"调板中分隔两个图层的线上（指针变成两个交叠的圆），然后单击。

2）移去剪贴蒙版中的图层

按住【Alt】键，将指针放在"图层"调板中分隔两组图层的线上（指针会变成两个交叠的圆），然后单击。

3）释放剪贴蒙版

在"图层"调板中，选择剪贴蒙版中的基底图层，然后执行"图层"|"释放剪贴蒙版"命令。

拓展与提高

1．运用各种蒙版方式合成图片"人间仙境"

1）制作"山水合一"图层蒙版

（1）设置图片尺寸。打开风景图片 sc2-3-8.jpg，执行"图像"|"画布大小"命令，弹出"画布大小"对话框，设置画布大小的宽度为 18.49 厘米，高度为 19 厘米，如图 2-3-14（a）所示。单击"确定"按钮退出，使图片位于画布的中上部，如图 2-3-14（b）所示。

（a）　　　　　　　（b）

图 2-3-14　调置图片尺寸

（2）打开文件 sc2-3-9.jpg，将该文件拖动至 sc2-3-8.tif 文件中，位置和"图层"调板如图 2-3-15 所示。

图 2-3-15　复制图片并调整图片位置

（3）渐变蒙版制作"山水合一"。载入"图层 1"图层选区，单击"图层"调板中"添加图层蒙版"按钮，按住【Ctrl】键的同时单击蒙版缩略图，载入蒙版选区。

设置前景色为黑色，背景色为白色，模式为"前景到背景"，从湖水图片最上端到湖面位置，使用"渐变工具"添加由黑到白的线性渐变。按【Ctrl+D】组合键取消选区，如图 2-3-16 所示。

图 2-3-16　蒙版上添加由黑到白的渐变色

（4）"山水合一"效果图。山渐渐隐藏在水之中，效果如图 2-3-17 所示。

原理：图层蒙版可以理解为在当前图层上面覆盖一层玻璃片，图层蒙版中涂黑色的地方，蒙版变为不透明，看不见当前图层的图像；而涂白色的地方，蒙版变成透明，清晰显示当前图层上的图像；涂灰色可使蒙版变为半透明，透明的程度由灰色的深浅程度决定。即图层蒙版中涂黑色隐藏图片，涂白色显示图片，涂不同程度的灰色能以不同透明度隐约显示图片。

通过对蒙版添加由黑到白的渐变色，将湖水从上到下渐显，达到"山水合一"的效果，如图 2-3-17 所示。

图 2-3-17　"山水合一"效果图

2）用画笔涂抹蒙版制作"山间云海"

（1）打开文件 sc2-3-10.jpg，将其拖动至 sc2-3-8.tif 文件中，命名为"云"，并调整图像位置和大小。

选中"云"图层，单击"添加图层蒙版"按钮□；选择画笔工具✏，用黑色画笔涂抹，蒙版效果如图 2-3-18 所示。

图 2-3-18　云朵图层蒙版图

（2）"山间云海"效果图。利用黑色画笔涂抹蒙版，隐藏不需要显示的图片区域，达到"山间云海"的效果，如图 2-3-19 所示。

图 2-3-19　"山间云海"效果图

3）用画笔涂抹蒙版制作"山间瀑布"

（1）打开文件 sc2-3-11.jpg 将其拖动至 sc2-3-8.tif 文件中，命名为"瀑布"，并调整图像位置和大小。

（2）选中瀑布图层，单击"添加图层蒙版"按钮□；选择画笔工具，设置不同的透明度，用黑色画笔在蒙版中涂抹，如图 2-3-20 所示，制作"山间瀑布"的效果。

图 2-3-20　瀑布图层蒙版图

（3）用"粘贴入"方法添加"人间仙"的文字蒙版。

使用文字工具输入文字"人间仙"，设置字体为华文新魏，字号为 90 点，按住【Ctrl】键的同时单击文字图层的缩览图，将其载入文字选区，如图 2-3-21（a）所示。

打开 sc2-3-12.jpg 文件，将郁金香花图像拖动至 sc2-3-8.tif 文件中，选中文字图层，执行"编辑"│"选择性粘贴贴"│"贴入"命令，产生文字蒙版，如图 2-3-21（b）所示。

用移动工具➤➕调整文字"人间仙"的位置，产生立体效果，如图 2-3-21（c）所示。

（a）文字选区　　（b）蒙版文字　　（c）立体蒙版文字

图 2-3-21　文字蒙版

观察图 2-3-22 中的图层蒙版，思考"立体效果是如何产生的，原理是什么？"

图 2-3-22　文字蒙版效果图

4）创建文字剪贴蒙版"境"

使用文字工具输入文字"境"，设置字体为华文新魏，字号为 133 点，设置图层样式为"斜面和浮雕"，参数为默认；设置"投影"参数："混合模式"为正常，角度 140°，距离 13 像素，大小 8 像素。文字图层不透明度 80%。

打开 sc2-3-12 .jpg 拖动至文件中，移动郁金香图层至文字图层上方，选中图层郁金香，执行"图层"｜"创建剪贴蒙版"命令，效果如图 2-3-23 所示。

图 2-3-23　文字剪贴蒙版

剪贴蒙版效果如图 2-3-24 所示。

实践操作：用蒙版方法创意合成图片效果。

图 2-3-24　文字剪贴蒙版效果图

5）"图层"调板分布图

蒙版方式分布如图 2-3-25 所示。

文字"镜"：用剪贴蒙版方式创建。

文字"人间仙"：用"粘贴入"方式创建文字图层蒙版。

"云海"和"山间瀑布"：运用不同透明度画笔涂抹蒙版创建图层蒙版。

"山水合一"：在蒙版上填充由黑到白的渐变色，创建图层蒙版。

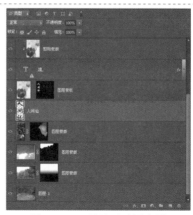

图 2-3-25　"图层"调板分布图

6）用矢量蒙版创建鸽子

（1）新建图层，命名为"鸽子"，填充预设的第二行第二列的橙黄橙的渐变色。

选中该图层，执行"图层"｜"添加矢量蒙版"｜"显示全部"命令。

（2）选择自定义形状工具 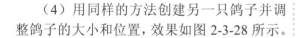，在其工具选项栏中，单击"形状图层按钮 □"或"路径"按钮 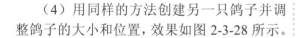，绘制飞鸟的形状或路径。

调整渐变色，效果如图 2-3-26 所示。按【Ctrl+T】组合键，进入自由变换状态，调整鸽子的位置和方向。按【Enter】键确认变换操作。

图 2-3-26　鸽子矢量蒙版

（3）设置鸽子的立体效果。切换至"路径"调板，单击"将路径作为选区载入"按钮 ，载入鸽子选区，使用移动工具微移选区位置。

切换至"图层"调板，新建图层，命名为"阴影"，并将其填充为黑色，如图 2-3-27所示。

图 2-3-27　矢量蒙版效果图

（4）用同样的方法创建另一只鸽子并调整鸽子的大小和位置，效果如图 2-3-28 所示。

图 2-3-28　最终效果图

2．运用蒙版更换图片背景

1）图片添加蒙版

打开 sc2-3-13.jpg 文件，双击背景层的缩略图，将其转换为普通图层。单击"添加图层蒙版"按钮 ，为该图层添加图层蒙版。

2）编辑蒙版分离背景

（1）使用缩放工具将图像放大，设置前景色为黑色，使用画笔工具设置合适的直径和软硬，按需要抠出图像的边缘，将不需要的部分涂抹掉，效果如图 2-3-29 所示。

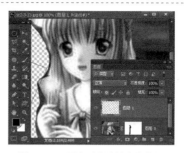

图 2-3-29　黑色画笔涂抹分离背景

（2）如果涂抹失误，设置前景色为白色，便用画笔工具将涂坏的地方重新修复，如图 2-3-30 所示。

图 2-3-30　白色画笔还原图像

（3）设置前景色为黑色，使用画笔工具将不需要的地方涂抹掉，如图 2-3-31 所示。

图 2-3-31　黑色画笔涂抹隐藏背景

3）更换背景图片

（1）涂抹完毕，按住【Ctrl】键的同时单击蒙版缩略图，载入蒙版选区，如图 2-3-32 所示。

图 2-3-32　载入蒙版选区

（2）更换背景。右击蒙版缩略图，执行"停用图层蒙版"命令。

打开风景图 sc2-3-14 .jpg，将其拖动至 sc2-3-13.jpg 文件中，选中风景图层，执行"图层"｜"添加图层蒙版"｜"隐藏选区"命令将选区隐藏。效果如图 2-3-33 所示。

图 2-3-33　更换背景

思考与练习

（1）利用图层蒙版合成狮面马身图，体会蒙版合成图片的优势，如图 2-3-34 所示。

🔖 **提示**

利用图层蒙版中黑色完全遮挡图像的特性。

（2）利用矢量蒙版配合"定义图案"命令和滤镜等方法合成相框图片，如图 2-3-35 所示。

🔖 **提示**

利用径向模糊滤镜处理图片。

图 2-3-34　狮面马身效果

图 2-3-35　相框图片效果

（3）用"图层蒙版"和"矢量蒙版"的方法分别制作出两个五角形图案，如图 2-3-36 所示。制作完成后将其放大观察，比较两者之间的区别。

🔖 **提示**

图层蒙版比矢量蒙版易失真。

（4）用矢量蒙版或图层蒙版方法为女孩更换衣服花纹，效果如图 2-3-37 所示。

🔖 **提示**

用魔术棒工具选取女孩衣服部分区域，或者使用钢笔工具选取女孩的衣服部分区域。

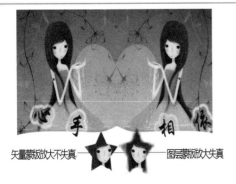

图 2-3-36　五角星效果图

（a）换衣前　　　（b）换衣后

图 2-3-37　换衣前后效果

任务四　制作书籍插图

任务描述

书籍的包装不仅仅只是起到保护的作用，在竞争激烈的市场环境下，装帧书籍还具有积极的促销作用。图样精美、富有内涵、色彩明快的美食书籍会激发工作繁忙的都市人重温家庭温馨的欲望。本任务将通过设计介绍美食烹饪步骤的书籍插画来学习书籍装帧的设计布局和制作方法，感受 Photoshop CS6 设计和艺术处理的强大功能。作品完成后的效果如图 2-4-1 所示。

任务分析

书籍插图作为美食书籍中最具体的烹饪步骤的介绍部分，让都市人在繁忙的工作之余，享受在家学习烹饪美食的乐趣。插图的设计更应符合人们的心理需求。本任务采用粉色的整体色调，营造温馨的生活气息。具体制作可按下述几大步骤来完成：①通过选框和套索工具制作插图的背景布局，运用魔术棒和橡皮擦工具，对插图图片进行编辑处理；②利用自定义圆角矩形工具，配合描边填充制作文字背景；③采用载入通道选区的方法，体会通道制作模糊边界空心字的优势，完成美食书籍的插图设计。

图 2-4-1　书籍插图效果图

方法与步骤

1. 新建文件"书籍插图"

执行"文件"｜"新建"命令，弹出"新建"对话框，输入文件名称"书籍插图"；设置宽度为 5 厘米；高度为 7 厘米；分辨率为 200 像素/英寸；颜色模式为 RGB 颜色；背景内容为白色。单击"确定"按钮退出。

2. 定位参考线

执行"视图"｜"标尺"命令，显示标尺并执行"视图"｜"新建参考线"命令，弹出"新参考线"对话框，选择"垂直"复选框，位置为4.5 厘米，单击"确定"按钮。建立垂直参考线，如图 2-4-2 所示。

用同样的方法建立水平参考线，位置分别为0.3 厘米、1.3 厘米、1.5 厘米、5.7 厘米。

图 2-4-2　"新建参考线"对话框

3．制作粉色装饰花纹

（1）打开文件 sc2-4-1.JPG，复制图层到文件书籍插图中。

按【Ctrl+U】组合键，弹出"色相/饱和度"对话框。在该对话框中选中"着色"复选框，设置色相为 0，饱和度为 100，明度为+89，如图 2-4-3 所示。单击"确定"按钮退出，将黑色装饰花纹调为粉红色。

图 2-4-3　调整花纹的色相/饱和度

（2）按【Ctrl+T】组合键进入"自由变换"状态，自由变换图片大小，按【Enter】键确认操作，执行"编辑"｜"变换"｜"水平翻转"命令，将图像进行水平翻转。

按【Ctrl+J】组合键复制图层，用移动工具调整两个花纹的位置。

选中上层花纹图层，单击"图层"调板中的按钮，在弹出的列表中执行"向下合并"命令，合并两个花纹图层，并命名为"花纹"，如图 2-4-4 所示。

图 2-4-4　调整花纹图案

4．制作插图背景

（1）新建图层，在插图最上方用#FFB7B7 粉红色填充矩形选区。

（2）在 5.7 厘米的水平参考线处，建立分隔线矩形选区。用#3D3D3D 灰色填充选区，并执行"编辑"｜"描边"命令，弹出"描边"对话框，设置颜色为黑色，宽度为 1 像素。单击"确定"按钮退出。

（3）在 4.5 厘米垂直参考线右端，建立矩形选区，参照上一步的操作，给矩形选区添加 1 个像素的黑色边。按【Ctrl+D】组合键，取消选区，效果如图 2-4-5 所示。

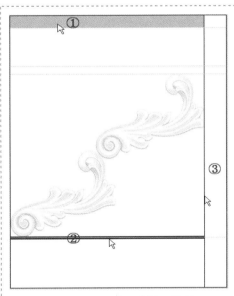

图 2-4-5　填充、描边制作插图背景

5. 绘制花纹下方粉红色背景

新建图层并移至"花纹"图层下方，按住【Ctrl】键的同时单击花纹图层缩略图，载入花纹图层选区。

选择多边形套索工具，单击其工具栏中的"添加到选区"按钮添加选区，并用橡皮红色（#FD7070）填充选区，如图2-4-6所示。

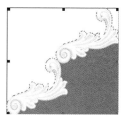

图2-4-6 多边形套索添加选区

6. 绘制插图边界装饰背景

（1）建立正圆形选区，选择多边形套索工具，单击其工具选项栏中的"添加到选区"按钮，添加选区如图2-4-7所示，并用粉红色填充选区。并执行"编辑"|"描边"命令，弹出"描边"对话框，设置颜色为黑色，宽度为1像素。单击"确定"按钮退出。

图2-4-7 制作边界背景

（2）按【Ctrl+J】组合键复制图层并执行"编辑"|"变换"|"垂直翻转"命令，调整图像的位置，如图2-4-8所示。

图2-4-8 垂直翻转边界背景

7. 制作文字背景

（1）选择自定义形状工具中的圆角矩形工具，在其工具选项栏中单击"填充像素"按钮，建立圆角矩形选区，并用粉红色填充选区，执行"编辑"|"描边"命令，对圆角矩形选区添加咖啡色（#5F1B1B）边框线。

（2）用相同的方法制作书籍插图中"备料""配汤""煲汤""制法"的文字背景，如图2-4-9所示。

图2-4-9 文字背景

8．输入书籍插图的文字

（1）使用横排文字工具输入文字"宠爱自己，健康生活从今天开始"，单击其选项栏中的"创建文字变形"按钮，弹出"变形文字"对话框，设置文字样式为旗帜、水平方式、弯曲度为50%，其他采用默认设置，单击"确定"按钮，效果如图2-4-10所示。

（2）输入插图中其他文字，完成文字设计。

图2-4-10　旗帜样式文字

9．书籍插画中的图片处理

复制美食、厨师、蝴蝶图片（见图2-4-11）至书籍插画文件中，按【Ctrl+T】组合键进入自由变换状态，自由变换图片大小，按【Enter】键确认变换操作。用柔化橡皮擦、魔术棒等工具对图片背景进行处理。

图2-4-11　插画图片

10．用通道制作模糊边界空心字"制法"

操作方案：在Alpha1通道中创建文字选区，在图层中羽化选区，再次载入Alpha1通道中的选区，删除选区内容，最终制作出模糊边界空心字效果。

（1）新建文件，切换至"通道"调板，单击"创建新通道"按钮，生成通道Alpha1，并在通道中输入白色文字"制法"，设置字体为隶书，字号120pt，如图2-4-12所示。

图2-4-12　Alpha1通道创建文字"制法"

（2）确保选中Alpha1通道的状态下，单击RGB通道缩略图前的灰色小方框，打开眼睛显示出颜色通道。隐藏Alpha1通道，如图2-4-13所示。

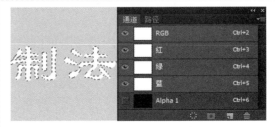

图2-4-13　显示RGB通道

（3）切换至"图层"调板，新建图层，执行"选择"|"羽化"命令，弹出"羽化"对话框，设置羽化半径为 5 像素。单击"确定"按钮退出。

用油漆桶为选区填充粉红色（在两个文字选区单击两次以上，颜色填充深些，效果更明显）。

按【Ctrl+D】组合键取消文字选区，如图 2-4-14 所示。

图 2-4-14　羽化填充文字选区

（4）切换至"通道"调板，按住【Ctrl】键的同时单击 Alpha1 通道缩略图，载入通道中保存的文字选区。

切换至"图层"调板，在"图层 1"中按【Delete】键删除载入的文字选区内容，如图 2-4-15 所示。

图 2-4-15　载入通道选区并删除选区像素

11．复制文字并调整大小和位置

（1）复制文字图层至书籍插图文件中，自由变换调整文字大小。

（2）用矩形选框工具选中"制"字，剪切文字"制"至新图层中，并用移动工具调整文字位置。

最后，关闭素材文件窗口，按【Ctrl+S】组合键保存文件。

相关知识与技能

1．通道

通道是存储不同类型信息的灰度图像，采用"通道"调板中不同类型的通道，可获取相关信息，使用户可以通过创建和管理通道来达到监视并编辑图片效果的作用。

通道分为颜色通道、专色通道、Alpha 通道等几种，分别存放图像的颜色信息、专色信息以及选区信息等，如图 2-4-16 所示。

颜色通道的原理是利用红色滤镜、绿色滤镜和蓝色滤镜扫描彩色图像，从而生成红色、绿色和蓝色的图像，存放在红绿蓝颜色通道中，并合成为彩色图像。同时用颜色通道可以对图像的偏色进行调整。

图 2-4-16　通道分类图

Alpha 通道是用户自己建立的通道，用于编辑和存放复杂的选区信息。在 Alpha 通道中只有 3 种颜色，即黑色代表非选择区域，白色代表选择区域，灰色代表区域的不同选择情况。

2．通道的基本操作

● 通过分离图片的颜色通道，执行合并通道操作，重新组合两幅以上的图片。

（1）分离通道。打开两个文件，单击"通道"调板中右上角的三角按钮▼，选择"分离通道"命令，将两个图片分离为 R、G、B 3 个颜色的通道文件，如图 2-4-17 所示。

（2）重命名通道。关闭两个文件中不需要合并的颜色通道，将留下的颜色通道文件命名为同名的 R、G、B 颜色通道文件，如图 2-4-18 所示。

图 2-4-17　分离通道并关闭不合并的通道

图 2-4-18　关闭不合并的通道、重命名需合并的通道

（3）合并通道。单击"通道"调板中右上角的三角按钮▼，选择"合并通道"命令，将 R、G、B 3 个颜色通道合并成一个文件，如图 2-4-19 所示。合并通道时，R、G、B 颜色通道的位置可任意排列，组合成不同色彩效果的文件。

● 通过图层与通道编辑状态之间的切换，对通道选区进行相应的滤镜操作，载入保存的通道选区，制作各种图片效果。

（1）打开文件 sc2-4-19.jpg，载入"图层 1"图层中的女孩选区，并隐藏"图层 0"，如图 2-4-20 所示。

图 2-4-19　合并同名通道

图 2-4-20　载入女孩选区

（2）切换至"通道"调板，将选区存储为通道 Alpha1，如图 2-4-21 所示。

（3）取消选区，执行"滤镜"｜"模糊"｜"高斯模糊"命令，弹出"高斯模糊"对话框，设置半径为 15 像素，单击"确定"按钮退出。按【Ctrl+I】组合键反相通道。效果如图 2-4-22 所示。

（4）执行"滤镜"｜"像素化"｜"彩色半调"命令，弹出"彩色半调"对话框，最大半径为 8 像素，网角（度）依次为 108、162、120、98，再次反相通道，如图 2-4-23 所示。

（5）载入通道选区，并切换至"图层"调板，新建图层，用白色填充选区，显示"图层 0"。最终效果如图 2-4-24 所示。

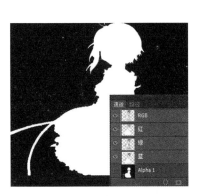

图 2-4-21 选区存储为通道

图 2-4-22 高斯模糊并反相通道

图 2-4-23 彩色半调通道

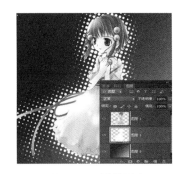

图 2-4-24 最终效果图

● 使用"应用图像"命令，进行图层中的图像和通道中的图像的合成。选择"保留透明区域"，只将效果应用到结果图层的不透明区域。举例说明：在通道中将白狗图片合成到月亮中。

（1）复制白狗的红色通道至文件中，生成 Alpha1 通道，调整通道中的白狗图片大小位置，使"白狗"正好位于"月亮"里面，如图 2-4-25 所示。

（2）将月亮从背景图中分离出来，复制到新图层，如图 2-4-26 所示。

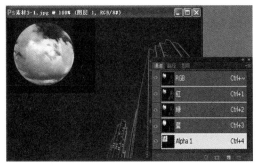

图 2-4-25 复制白狗图至 Alpha1 通道并调整位置和大小

图 2-4-26 把"月亮"从背景层分离出来

（3）切换至"图层"调板，在分离出来的月亮图层上，执行"图像"|"应用图像"命令，弹出"应用图像"对话框，进行如图 2-4-27 所示的参数设置。单击"确定"按钮退出。将复制到通道中的白狗图片合成到月亮中。

"天狗食月"的制作效果如图 2-4-28 所示。

图 2-4-27 "应用图像"对话框的参数设置

图 2-4-28 "天狗食月"的制作效果

拓展与提高

Photoshop 提供了通道抠图的方法，通道抠图法适用于不同颜色通道中色调容易区分的图像。利用黑白分明的 Alpha 通道及"色阶"对话框，提高 Alpha 通道对比度，对反差强烈、细节复杂的头发、羽毛或透明的婚纱或玻璃、冰块等图像进行抠图。同时也为初学者提供了抠取毛发的抽出滤镜，方便用户的抠图操作。

1. 使用 Photoshop 的通道抠选纤细发丝的人像

1）利用通道从背景中分离出发丝

（1）切换至"通道"调板，绿色通道中头发与背景对比最明显。复制"绿"通道得到"绿"通道副本，按【Ctrl+I】组合键反相通道，如图 2-4-29 所示。

图 2-4-29 复制并反相通道

（2）按【Ctrl+L】键，弹出"色阶"对话框，用右下角的设置黑场工具，输入色阶值为 112、1.00、255，如图 2-4-30 所示。

图 2-4-30 用设置黑场工具调整颜色

（3）按【Ctrl+L】组合键，弹出"色阶"对话框，用设置白场工具，输入色阶值为 0、1.00、42，如图 2-4-31 所示。单击"确定"按钮退出。

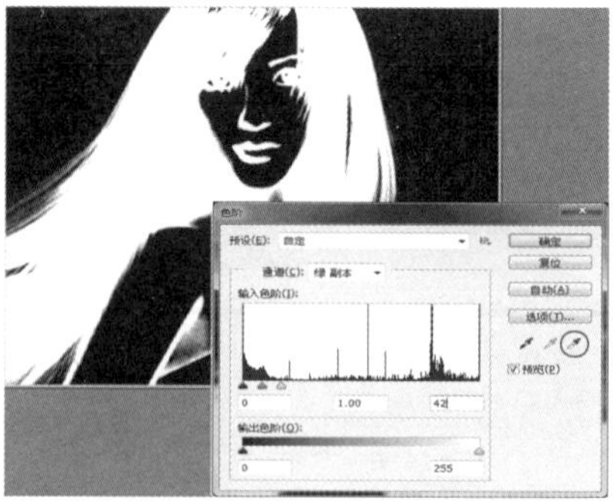

图 2-4-31　用设置白场工具调整颜色

（4）按住【Ctrl】键的同时单击"绿"通道副本缩略图，载入通道选区。切换至"图层"调板，选中"背景"层，按【Ctrl+J】组合键复制选区内容至新图层，如图 2-4-32 所示。

图 2-4-32　选取并复制发丝

2）选取并复制发丝内区域

使用套索工具抠取发丝内区域，选中背景层，按【Ctrl+J】组合键复制选区内容至新图层，如图 2-4-33 所示。

图 2-4-33　选取并复制发丝内区域

3）更换背景

删除"背景"层，复制新背景至文件中，效果如图 2-4-34 所示。

图 2-4-34　更换背景

2．使用 Photoshop 抽出滤镜抠出带细节毛发的白狗图

1）用抽出滤镜分离毛发与背景

（1）打开文件 sc2-4-8.jpg，复制"背景"图层得到"背景副本"图层。

执行"滤镜"|"抽出"命令，弹出"抽出"对话框，选择边缘高光器工具，设置适当画笔大小，涂抹选中的白狗图像，如图 2-4-35 所示。

图 2-4-35　边缘高光器涂抹选中图像

（2）取消选中"显示高光"复选框，不显示绿色高光。

同时选中"强制前景"复选框，激活"抽出"对话框左上方工具箱中的吸管工具，吸取要抽出的图像毛发边缘的颜色，如图 2-4-36 所示。

图 2-4-36　吸管选取抽出的毛发边缘颜色

（3）单击"预览"按钮查看抽出的毛发效果，如图 2-4-37 所示。

对效果不满意，可按【Ctrl+Z】组合键撤至未抽出前的状态，继续用边缘高光器工具及橡皮擦工具对高光进行处理，预览效果直至满意为止，单击"确定"按钮退出对话框。

图 2-4-37　预览抽出的毛发效果

2）用套索工具抠取毛发内区域

选中"背景"图层，按【Ctrl+J】组合键复制选区内容至新图层，如图 2-4-38 所示。

图 2-4-38　选取并复制毛发内区域

3）添加背景

隐藏"背景"图层，为白狗图片添加黑白渐变的背景，狗的毛发清晰地显示出来，如图 2-4-39 所示。

图 2-4-39　显示图层并添加背景

思考与练习

（1）模仿书籍插画制作中模糊边界空心字"制法"的操作，制作如图 2-4-40 所示的女孩图片效果。

> 提　示
>
> 利用载入通道中选区的方法。

（2）合成鲜花和女孩两张图片，效果如图 2-4-41 所示。

> 提　示
>
> 利用通道合成的方法。

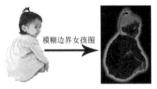

图 2-4-40　女孩图片效果

图 2-4-41　鲜花和女孩效果

（3）用抽出滤镜和通道抠图的方法从相框中将女孩抠出，比较两种方法的优劣，效果如图 2-4-42 所示。

> 提　示
>
> 参照"拓展与提高"介绍的方法进行抠图。

（4）通过学习本章任务进行实际操作，分别用套索和魔术棒工具、蒙版、通道和抽出滤镜工具 4 种方式，从背景中将宠物狗身图抠出，比较抠图效果。宠物狗原图如图 2-4-43 所示。

> 提　示
>
> 通道和抽出滤镜更适合毛发的抠取。

（5）制作过程中请思考选框工具、套索和魔术棒工具、蒙板、抽出滤镜、通道在抠图方面，分别适合何种情况？收集具体的实例，在下节课讨论，加深对以上工具的理解和运用。

图 2-4-42 抠图前后效果对比

图 2-4-43 宠物狗原图

项目实训 看图识字——设计和制作儿童书籍

项目描述

看图识字的儿童书是学龄前儿童快速认字的启蒙书籍，如图 2-5-1 所示。生动的形象、斑斓的色彩，贴近生活的内容，是儿童最容易、最乐于接受的形式。

为了让儿童感受形象、色彩、了解生活的同时学会认字，针对幼儿稚嫩、单纯、天真、可爱的特点，在编排上力求由简到繁、由浅入深，让孩子快乐成长，认识世界。

图 2-5-1 "看图识字"儿童书籍封面

选择素材生动活泼、娱乐性强、寓教于乐，并适合少儿的心理特点，能使孩子在玩耍的同时有效地学会识字，达到良好的课外启蒙教育效果，为此设计并制作一张看图识字的儿童书籍封面。

项目要求

通过对看图识字儿童书籍封面的设计，激发幼儿的好奇心，让他们不由自主地翻看图书从而实现认字、识字的启蒙教育。作品中用到米老鼠、沙皮狗、青蛙等喜而乐见的卡通形象图像元素，搭配生活中常见的蝴蝶、荷叶、茶壶等，目的在于寓教育于生活。

在作品的处理上灵活运用选框、橡皮擦、魔术棒、套索技术，将图像巧妙地进行前期处理。通过对选区切变，制作出黄色带弧度的封面背景，用蒙版设计菱形识字卡片图，并采用载入通道选区的方法，制作主标题模糊边界空心字效果。最后还应该用自定义形状工具对"看图识字"的儿童书籍封面进行点缀，并加上说明文字，使之自然地融合成一个整体。

项目提示

（1）新建一个图像文件，设置宽度为 7.7 厘米；高度为 5.7 厘米；分辨率为 200 像素/英寸；颜色模式为 RGB 颜色；透明背景。

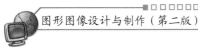

（2）利用参考线进行定位，合理规划版面布局、简化设计。

（3）建立矩形选区并变换选区，通过对选区切变，制作出黄色带弧度的封面背景，并设置相应的透明度，如图 2-5-2 所示。

图 2-5-2　弧度封面背景

（4）综合运用选区、魔术棒、套索工具，从图片中子区取蝴蝶、荷叶、茶壶、青蛙等图像元素，并依次复制到新文件中的各图层，根据样张对图片进行水平翻转。

（5）对黑板图片进行橡皮擦删除处理后，选取对称的区域进行复制并水平翻转，利用透视技术制作出立体的黑板效果。

（6）用柔化橡皮擦工具对米老鼠和沙皮狗进行图片边界处理，同时用多边形套索工具，保留卡通图片中的地板区域。用橡皮擦、羽化选区、套索工具对图片进行进一步的处理，并采用"自由变换"方法调整图像的大小，并将其移动到相应的位置，使之自然地融合为一个整体。

（7）用不同粗细的铅笔工具绘制文字装饰线，加强儿童书籍封面的美观性。

（8）用粘贴入的图层蒙版技术，设计菱形识字卡片图。

（9）采用羽化填充通道选区后，删除载入的通道选区，制作主标题"看图识字"的模糊边界空心字效果。

（10）结合自定义形状工具，完成眼镜、月牙、音乐符号、爱心等细节装饰点缀，并根据样张对菱形识字卡片和文字底图进行相应描边，加上说明文字。以"看图识字.psd"为名保存文件。

项目评价

项目实训评价表

能力	内　　容		评　　价		
	能 力 目 标	评 价 项 目	3	2	1
职业能力	能正确使用选区不同的工作模式编辑图片	能使用选区工作模式			
		能使用选区变形、羽化			
	能掌握选框、套索工具、魔术棒工具进行图片的编辑	能熟练创建选区并抠图			
		能同时使用各选区工具			
	能使用蒙版技术处理图片和文字	能创建文字蒙版			
		能创建图层蒙版			
		能创建矢量蒙版			
	能使用通道选区功能，合成图片、制作文字效果	能用通道合成图片			
		能使用通道选区功能			
	能掌握文字和图片描边操作	能创建文字描边			
		能创建图片描边			
	能掌握自定义形状工具	能创建自定义形状			
		能转换形状为选区			

续表

项目实训评价表

能力	内　　容		评　　价		
	能 力 目 标	评 价 项 目	3	2	1
通用能力	能清楚、简明地发表自己的意见与建议				
	能服从分工，主动与他人共同完成学习任务				
	能关心他人，并善于与他人沟通				
	能协调好组内的工作，在某方面起到带头作用				
	能积极参与任务，并对任务的完成有一定贡献				
	能对任务中的问题有独特的见解，起到良好效果				
综 合 评 价					

单元三

天籁之声——CD 产品包装设计

除商品广告外，人们与商品的接触就是商品的包装了。包装已经成为商品的重要组成部分，好的商品必需要有好的包装，好的包装能够提升商品的价值。本单元将介绍 CD 产品的包装设计，用一个侧面来学习商品包装的相关知识和技能，通过制作 CD 的盘片、封盒和效果图来体会与理解包装设计的过程和技术，在制作过程中还将学到画笔、渐变以及滤镜等相关技术内容。

能力目标

- 能使用画笔工具进行涂抹、画线和描边
- 能设置画笔的各种属性
- 能应用选区的各种变形操作
- 能使用扭曲类和渲染类的滤镜
- 能使用拾色器设置颜色
- 能设置和使用渐变工具

任务一　制作 CD 盘面

任务描述

一张设计得体，图案精美的 CD，不但能让人聆听到悦耳的乐曲，同样也能让人得到视觉上的享受，在将 CD 放入 CD 机之前，就已经感受到了它的艺术价值和精神需求。在制作这张 CD 盘面的任务中，会使用到前面所学到的关于图层的应用和管理、选区的建立和编辑以及通道的运用等技术，还将要学习画笔的设置和使用、颜色调板与拾色器的使用等 Photoshop CS6 中常用的操作技术。作品完成后的效果如图 3-1-1 所示。

图 3-1-1　CD 盘片

任务分析

CD 盘片实际的尺寸大多为 120 厘米×120 厘米，CD 盘面的制作可按下面步骤来进行：①建立一个高 130 厘米，宽 130 厘米，分辨率 300 像素/英寸，背景内容为"透明"的文件；②CD 盘面的背景颜色使用"添加杂色"滤镜使图像更加有实物的质感；③用素材提供的小提琴图像放在画面的右下方，用变化的文字制作标题，用星形笔尖的画笔来模仿毛笔画线，加入其他文字元素后形成盘面的基本构图布局；④在制作盘片效果时，运用选区的建立、保存为通道、变换等技术来定义出许多不同大小的同心圆区域，用图层选区复制的技术将盘片分割出多个不同大小的圆环，然后分别制作它们的效果：或透明，或浮雕。

方法与步骤

1. 制作背景

（1）打开 Photoshop CS6 后，执行"文件"|"新建"命令，弹出"新建"对话框，设置名称为"光盘"，高为 130 毫米，宽为 130 毫米，分辨率为 300 像素/英寸，背景内容为"透明"，如图 3-1-2 所示。

图 3-1-2　"新建"对话框

（2）设置前景色为 RGB（130，184，27）并填充前景色。执行"滤镜"｜"杂色"｜"添加杂色"命令，弹出"添加杂色"对话框。设置数量为 4%，选择"高斯分布"单选按钮，如图 3-1-3 所示。

（3）以文件名"光盘.PSD"保存文件。

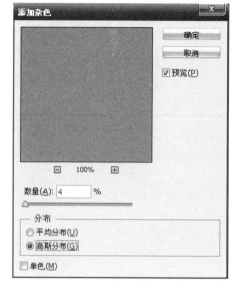

图 3-1-3　"添加杂色"对话框

（4）打开文件 sc3-1-1.jpg，按【Ctrl+J】组合键复制背景图层。

（5）选择魔棒工具，在其工具选项栏上设置容差为 32，取消选中"连续"复选框，选中图中的白色区域。

（6）按【Delete】键，删除"图层 1"中的白色像素。按【Ctrl+A】组合键选择全部图像，按【Ctrl+C】组合键复制图像，关闭窗口，不要保存文件修改。

（7）在"光盘"文件窗口中粘贴刚才复制的图像，结果如图 3-1-4 所示。

图 3-1-4　加入提琴图像

（8）将"图层 1"改名为"背景"，"图层 2"改名为"提琴"。

（9）选择"提琴"图层，执行"图像"｜"调整"｜"色相/饱和度"命令，在弹出的对话框中选中"着色"复选框，设置色相为 240，饱和度为 50，如图 3-1-5 所示。

（10）用自由变换方法来调整"提琴"的大小、方向和位置。

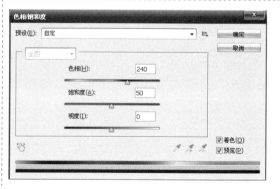

图 3-1-5　"色相/饱和度"对话框

2. 制作标题文字

（1）用一个图层组来存放标题文字。执行"图层"｜"新建"｜"组"命令，建立一个图层组，命名为"天籁之声"。使用横排文字工具在窗口中输入文字"天籁"，文字属性为黑体，30 点，平滑，黑色，水平缩放 70%，字间距 140。此时将在图层组内建立文字图层"天籁"。按同样的方法建立文字图层"之"，大小为 18 点，其他与文字"天籁"的设置一样。

图 3-1-6　文字效果

（2）再建立文字图层"声"，文字属性设置为幼圆，48 点，水平缩放 140%，变形字体样式为"拱形"。完成后的效果如图 3-1-6 所示。

3. 用画笔制作效果

（1）选择画笔工具，使用正常模式，不透明度和流量都为 100%，在选项栏中打开"画笔预设"选取器，选择"28 像素"的画笔，如图 3-1-7 所示。

（2）在图层组"天籁之声"中的最下一层建立个名为"横线"的图层，并以此为当前图层。

（3）按【Ctrl+Alt+0】组合键，放大图像至 100%，按住【Space】键的同时拖动鼠标，调整图像的位置。

图 3-1-7　"画笔预设"选取器

（4）在"声"字的左下角单击，按住【Shift】键的同时单击图像同一水平线上的最左边，用画笔画出一条水平直线，水平线的右端应用文字"声"相连，如图 3-1-8 所示。

图 3-1-8　画笔画出一条水平直线

（5）选择椭圆选框工具，将羽化值设为 0，画出一个较大的选区，然后将选区放到字和线的连接处，如图 3-1-9 所示。再按【Ctrl+Shift+I】组合键反选选区。

图 3-1-9　椭圆选区

（6）选择"橡皮擦工具"，设置大小为125，硬度为100%，不透明度和流量都保持原来的值100%，模式为"画笔"。然后擦除文字与横线连接部分的多余像素，使它们能平滑连接，完成后取消选区。

（7）用矩形选框工具选取横线的后半部分，然后按住【Ctrl+Shift】组合键不放，用【→】键将横线缩短至适当位置。

（8）单击图层组左侧三角形按钮折叠图层组，使用移动工具调整图层组中的文字到适当位置，然后按【Ctrl+E】组合键来合并整个图层组，如图3-1-10所示。

图3-1-10 完成后的文字

（9）在图层"天籁之声"上添加"投影"图层样式，设置混合模式为"正常"，颜色为RGB（0，0，255），距离5，扩展和大小都为0，如图3-1-11所示。

图3-1-11 "投影"样式设置

4．制作盘片形状

（1）选择椭圆选框工具，在选项栏中设置羽化值为0，选择"消除锯齿"复选框，样式为"固定大小"，宽度和高度都为120毫米。

（2）使用椭圆选框工具，在窗口中建立一个固定大小的圆形选区，将选区移动到窗口中间，执行"选择"｜"存储选区"命令，在弹出的对话框中输入新建的通道名称"外圆"。

（3）执行"选择"｜"变换选区"命令，在选项栏中改变宽度和高度的值都为15毫米。确定以后再将此选区保存在名为"内圆"的新通道中，查看"通道"调板，结果如图3-1-12所示。

图3-1-12 "通道"调板

（4）按住【Ctrl】键，同时在"通道"调板的"外圆"通道缩览图上单击，载入"外圆"选区。

（5）选择"背景"图层，按【Shift+Ctrl+I】组合键反选选区，按【Delete】键删除选区内的像素。

（6）用同样的方法载入"内圆"选区后，按【Delete】键删除选区内的像素。

（7）调整各图层的位置后效果如图3-1-13所示。

图3-1-13 删除选区内的像素

5．制作外环效果

（1）保持当前图层为"背景"图层，载入"外圆"选区，变换圆形选区直径大小到 117 毫米。按【Shift+Ctrl+I】组合键反选选区后，按【Shift+Ctrl+J】组合键新建一个通过"背景"图层剪切的图层，并重新命名为"外环"。设置该图层的不透明度值为 40%，如图 3-1-14 所示。

（2）再次载入"外圆"选区，在"外环"图层中执行"编辑"｜"描边"命令，在弹出的对话框中设置描边参数为宽度 5 像素，黑色，居中。完成后取消选区。

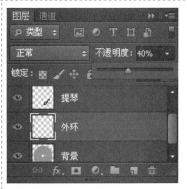

图 3-1-14　图层的不透明度

6．制作内环效果

（1）载入"内圆"选区，变换圆形选区直径为 35mm。

（2）以"背景"图层为当前图层，按【Shift+Ctrl+J】组合键新建一个通过"背景"图层剪切的图层，并重新命名为"内环"。设置图层的不透明度值为 40%。

（3）再次载入"内圆"选区，在"内环"图层上使用"描边"方法：设置宽度为 5 像素，颜色为黑色，位置为居中。

（4）完成描边后重新设置选区直径为 37 毫米。选择"背景"图层，按【Shift+Ctrl+J】组合键新建图层，命名为"立体环"。对其添加"斜面和浮雕"图层样式，完成后的"图层"调板如图 3-1-15 所示。

图 3-1-15　"图层"调板

7．处理最后的文字

（1）新建一个名为"文字"的图层组，在组内建立 4 个文字图层："小提琴世界名曲""ISRCN-G08-2007-0073-00/A.J6""天宇音像出版社出版发行"和"TianYv YinXiang"。

文字图层组内的图层状态如图 3-1-16 所示。文字图层的各项具体参数可自行设计。

（2）保存文件"光盘.PSD"。再使用"存储为"命令将文件另存为"光盘作品.JPG"的格式，以备在任务三中使用。

图 3-1-16　"文字"图层组

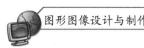

相关知识与技能

1. 颜色的选取

1）前景色与背景色

在工具箱的下部有一个区域，如图 3-1-17 所示，专门用来快速设置前景色与背景色。通常 Photoshop 使用前景色进行绘画、填充和描边操作，使用背景色来生成渐变填充和在图像已抹除或擦除的区域中填充。

图 3-1-17 的左上角有一个按钮，用于设置默认前景色为黑色，默认背景色为白色；右上角的按钮是用来转换前景色与背景色。这两个按钮分别可用快捷键【D】和【X】代替。单击大的黑色色块，弹出"拾色器"对话框即能设置其他的各种颜色为前景色；单击大的白色色块也一样能设置背景色。

2）"颜色"调板

按【F6】键可以快速打开或关闭"颜色"调板。"颜色"调板用来显示和修改当前前景色和背景色的颜色值。如图 3-1-18 所示，使用"颜色"调板中的滑块（拖动滑块或在滑块旁输入值），可以编辑前景色和背景色，也可以从显示在调板底部的四色曲线图的色谱中选取前景色或背景色。但是任何时候只能针对有黑色轮廓的当前状态进行设置，也就是说不能同时对前景和背景进行设置颜色。图 3-1-18 所示为正在对背景色进行设置。

在图 3-1-18 中还可以看到一个三角形内含叹号的标志，这表示当前的颜色不能使用 CMYK 油墨打印，单击此标志后，会用一个能打印的最相似颜色替代。

图 3-1-17　工具箱中前景色与背景色

图 3-1-18　"颜色"调板

3）"色板"调板

"色板"调板如图 3-1-19 所示。单击其中的某个色块可以设置前景色，如果按住【Ctrl】键的同时单击某个色块就是设置背景色，按住【Alt】键的同时单击某个色块就是删除此色块。单击底部的"新建"按钮可以新建一个色块。Photoshop 也提供了许多不同类型的色板，只要打开调板菜单就能进行替换或追加现存的色板。

4）Adobe 拾色器

可以通过 Adobe 拾色器定义在各种情况下的颜色，如图 3-1-20 所示。

"拾色器"对话框大致分为 3 个区域，在左边的区域中可以单击来选取颜色。

右边的上面区域用来观察变化前后的颜色，上色块是变化后的颜色，下色块是变化前的颜色。边上可能会出现两种标志：内含惊叹号的三角形标志表示此颜色不能被正确打印输出；立方体标志表示此颜色不是 Web 安全色，即不是 Web 浏览器使用的与平台无关的 216 种颜色。

右边下面区域是数值区，这里不但能看到不同颜色在各种颜色模式下的具体数值，而且还能通过输入数值来调整颜色。其中包括：

（1）在 CMYK 颜色模式下，以青色、洋红、黄色和黑色的百分比指定每个分量的值。

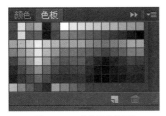

图 3-1-19 "色板"调板

图 3-1-20 Adobe 拾色器

（2）在 RGB（红色、绿色、蓝色）颜色模式中，指定 0~255 之间的分量值（0 是黑色，255 是纯色）。

（3）在 Lab 模式下，输入 0 到 100 之间的亮度值（L）以及-128~+127 之间的 a 值（绿色到洋红色）和 b 值（蓝色到黄色）。

（4）在 HSB 颜色模式下，以百分比指定饱和度和亮度，以 0°~360°的角度（对应于色轮上的位置）指定色相。

在"#"文本框中可输入一个十六进制值来设置颜色，用于 Web 页的编辑。

2. 画笔的使用

在工具箱中选用画笔工具可以像传统的笔一样在图像窗口中用前景色来画出各种线条。选中画笔工具后，选项栏如图 3-1-21 所示。

图 3-1-21 画笔工具选项栏

从图的左边开始分别是："画笔预设"选取器打开按钮；画笔颜色的混合模式；画笔颜色的不透明度；画笔上色速度的大小；喷枪功能按钮。

● A "画笔预设"选取器打开按钮

可以打开"画笔预设"选取器，也可以在图像窗口中右击打开，后面会专门作介绍。

● B 画笔颜色的混合模式

同图层混合模式相同，但是多了"背后"和"清除"两个类型。"背后"模式表示仅能在透明的部分进行编辑和绘画，而不影响有像素的部分。"清除"只是将像素清除，产生透明部分。

● C 画笔颜色的不透明度

指颜色的覆盖量，用百分比表示。按数字键可以快速改变数值的大小，如按"1"表示 1%，按"12"表示 12%。

● D 画笔流量

指的是画笔上色速度的大小，用百分比表示。按住【Shift】键的同时按数字键可快速改变百分比。

● E 喷枪功能按钮

当选择了喷枪功能后，按住鼠标按钮（不拖移）可增大颜色量。

选择画笔工具后，用鼠标在图像窗口上拖动即可画线，如果同时按住【Shift】键则能画直线。

3．画笔预设

使用画笔工具前应该先对画笔进行设置，除了在选项栏上设置模式、不透明度和流量外，还可以打开"画笔预设"对话框进行大小和硬度的设置，如图 3-1-22 所示。

图 3-1-22　"画笔预设"对话框

主直径：画笔笔尖的大小，也可以用【[】与【]】键快速改变，每按一次减少或增加 10 个 px。

硬度：画笔笔尖四周的虚实程度，犹如羽化效果。100%表示没有虚化，0%表示完全虚化。也可以用【Shift】键加【[】与【]】键快速改变，每按一次减少或增加 25%。

使用预设画笔：只要双击预设栏中的某个画笔样式，就可选中。选中后可以进一步调整，产生新的画笔类型。

从当前画笔创建一个新的预设：单击右上角的第二个按钮，可以将当前的画笔作为一个新的预设类型保存，以后可以直接使用。

预设画笔管理：单击右上角的第一个按钮，可以复位、载入、存储和替换画笔预设。

拓展与提高

在 Photoshop CS6 中，类似画笔工具的工具还有许多，如铅笔工具、颜色替换工具、历史记录画笔工具、历史记录艺术画笔工具、橡皮擦工具、背景橡皮擦工具、魔术橡皮擦工具、涂抹工具等。这里将通过运用涂抹工具制作一个残缺的字母的例子来说明涂抹工具的使用方法和效果。

1）新建文件

打开文件 sc3-1-2.jpg，按【Ctrl+J】组合键复制"背景"图层，在这两个图层之间建立一个文字图层"X"：楷体，230 点，水平缩放 160%。"图层"调板如图 3-1-23 所示。然后以文件名"涂抹工具.psd"保存。

图 3-1-23　"图层"调板 1

2）修改图层

选中"图层 1"，执行"图层"｜"创建剪贴蒙版"命令。

选中当中的文字图层，执行"图层"｜"栅格化"｜"文字"命令栅格化文字图层。"图层"调板如图 3-1-24 所示。

图 3-1-24　"图层"调板 2

3）创建斜面和浮雕图层样式

为图层"X"创建斜面与浮雕图层样式，设置各项参数如图3-1-25所示。

图3-1-25 斜面和浮雕图层样式

4）创建内阴影图层样式

为图层"X"创建内阴影图层样式，使字母产生内阴影，各项参数设置如图3-1-26所示。

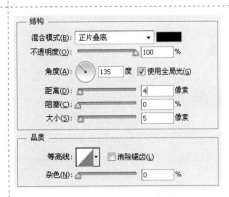

图3-1-26 内阴影图层样式

5）创建颜色叠加图层样式

为图层"X"创建颜色叠加图层样式，使字母内部变暗，各项参数设置如图3-1-27所示。

图3-1-27 颜色叠加图层样式

6）效果图

完成以上操作后的图像效果如图3-1-28所示。

图3-1-28 效果图

7）使用涂抹工具

选择涂抹工具，设置画笔类型为"M画笔"中的"水洗且出血14像素"，模式为正常，强度为100%，如图3-1-29所示。

图3-1-29 涂抹工具选项栏

8）制作残缺效果

用涂抹工具在图层"X"中小心地涂抹，注意是由文字的里面往外面拖动，效果如图 3-1-30 所示。

图 3-1-30　完成后的效果图

完成后以文件名"涂抹工具.jpg"保存。

思考与练习

（1）"颜色"调板、"色板"调板和"拾色器"三者之间有哪些差异之处？

（2）将图像文件 sc3-1-3.jpg 中红衣少女周围的颜色调成金黄色，效果如图 3-1-31 所示。

提示

先用色相和饱和度将全部图像着色成金黄色（色相 50，饱和度 60），然后选择历史记录画笔，调整画笔的大小、硬度等参数后，将不需要着色的部分涂抹掉。

（3）请为图像文件 sc3-1-4.jpg 中的珍珠加上十字星光，效果如图 3-1-32 所示。

提示

载入混合画笔，使用"交叉排线"型画笔。

图 3-1-31　金黄色稻田

图 3-1-32　十字星光

任务二　制作 CD 盒封面

任务描述

CD 盒包装在 CD 产品的最外部分，它在商场的货架上会首先传递给顾客商品的某些信息，所以 CD 盒封面设计效果会影响到顾客对商品的第一印象，是决定顾客对该商品取舍的关键因素。此任务根据一般 CD 盒封面上应该具备的各种元素制作一张精美的的图像，在任务实现过程中会学习 Photoshop CS6 中有关"画笔"调板设置和扭曲滤镜的使用等操作技术，从而更进一步地展示出 Photoshop CS6 卓越不凡的能力。作品完成后的效果如图 3-2-1 所示。

图 3-2-1　背景图像

任务分析

　　CD 盒的大小一般是 142 毫米×125 毫米×12 毫米，展开后应该是 296 毫米×125 毫米的版面。编辑工作就在稍大些的尺寸在 310 毫米×135 毫米的版面上进行。由于图层较多，为了方便管理，先建立 3 个图层组，分别放置封面、封脊和封底的图层。在整个制作过程中，将用到预设画笔载入与画笔调板设置创建蝴蝶花边，运用扭曲滤镜制作波形边框。除此之外，还巧妙地使用了 Photoshop 的一些辅助功能，使得图像的编辑工作变得更加容易和精确。

方法与步骤

1．制作背景

　　（1）在 Photoshop CS6 中建立一个新的图像文件。在"新建"对话框中设置名称为"光盘封面"，高 135 毫米，宽 310 毫米，分辨率 200 像素/英寸，背景内容为"白色"，如图 3-2-2 所示。

　　（2）建立一个长为 296 毫米，高为 125 毫米的矩形选区，将选区放到窗口中间。

图 3-2-2　"新建"对话框

　　（3）新建一个名为"背景颜色"的图层，设置前景色为 RGB（130，184，27），填充前景色。按【Ctrl+D】组合键取消选区。

　　（4）按【Ctrl+R】组合键打开标尺，并设置单位刻度为毫米。放大图像，将标尺的原点拖放到矩形的顶点上，如图 3-2-3 所示。

　　（5）从标尺上拖出两条纵向参考线，分别放在 142 毫米和 154 毫米上。

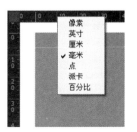

图 3-2-3　定义标尺原点

（6）执行"图像"｜"调整"｜"色相/饱和度"命令，在弹出的对话框中设置饱和度-30，明度+30。

（7）以文件名"光盘封面.psd"保存文件。

2．复制图像

（1）建立一个新图层组，将其命名为"面"，在其中将存放所有修饰封面的图层。同样再建立两个图层组，分别命名为"脊"和"底"。

（2）在图层组"面"中建立一个图层，命名为"风景画"。打开文件sc3-2-1.jpg，将图像放入该图层中。

（3）再建一个"风景画"图层的副本，将其放入到图层组"底"中。因为图层组"底"在上会影响编辑，先取消它的可视性。

（4）改变风景画图像的大小为142×80毫米。完成后的"图层"调板如图3-2-4所示。

图3-2-4　"图层"调板

3．制作标题文字

（1）在"面"图层组内添加一个文字层"天籁之声"，设置字体为"行楷"；颜色为前景色；大小为48点；字距为180。

（2）为此文字图层添加投影：混合模式为正常，颜色为白色。再添加斜面和浮雕，使用默认设置。效果如图3-2-5所示。

图3-2-5　标题文字

4．添加其他文字

（1）建立文字图层"世界小提琴名曲"，设置字体为"幼圆"；颜色为前景色，大小为30点，并为图层添加白色投影效果。

（2）建立文字图层"让心灵翱翔于广阔天际"，设置字体为"宋体"；颜色为黑色，大小为10点。

5．绘制蝴蝶

（1）在"风景画"图层之上建立"蝴蝶"图层。完成后的"图层"调板如图3-2-6所示。

（2）设置前景色RGB（130，184，27），选择画笔工具，使用正常模式，不透明度和流量都为100%。

图3-2-6　"图层"调板

（3）在窗口中打开"画笔预设"选取器，在选取器的右上方单击调板菜单按钮打开调板菜单，选择"特殊效果画笔"命令，如图 3-2-7 所示。

图 3-2-7 载入画笔

（4）双击"缤纷蝴蝶"画笔，如图 3-2-8 所示。

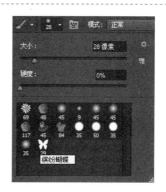

图 3-2-8 选择画笔

（5）打开"画笔"调板，设置画笔笔尖形状：大小为 60 像素；间距为 150%，如图 3-2-9 所示。

图 3-2-9 设置笔尖形状

（6）画笔预设选择"形状动态"，设置"大小抖动"为 20%；"角度抖动"为 15%，如图 3-2-10 所示。取消选中"散布""颜色动态"和"传递"复选框。

图 3-2-10 形状动态设置

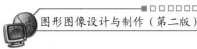
（7）在"蝴蝶"图层上添加蝴蝶图案：先在图像的左边单击，画出一只蝴蝶，然后按住【Shift】键的同时在图像右边单击，出现一行有大小和角度变化的蝴蝶图案，如图 3-2-11 所示。

（8）用同样的方法在上面相对的位置上也画一行蝴蝶出来。

图 3-2-11　画出一行蝴蝶图案

（9）选择矩形选框工具在窗口中框选出一个同封面大小一样的选区，然后右击选区，在弹出的快捷菜单中选择"反向"命令，按【Delete】键，删除多余的蝴蝶边角。

（10）对"蝴蝶"图层使用"投影"图层样式，设置角度为 90°，其他使用默认选项。

（11）至此，封面图层组已经全部完成，折叠"面"图层组，并将其锁定，如图 3-2-12 所示。

图 3-2-12　锁定图层组

6．制作封脊

（1）在"脊"图层组中新建"背景"图层，在文件窗口中画出一个覆盖整个封脊的选区，用白色像素填充。

（2）使用"直排文字工具"建立文字图层"天籁之声"，设置文字字体为黑体，大小为 18 点。建立文字图层"世界小提琴名曲"，设置文字字体为舒体，大小为 14 点。

（3）将 sc3-2-2.jpg 文件加入到新图层中，并命名新图层为"disc"，如图 3-2-13 所示。

（4）选择魔术橡皮擦工具，先取消选中选项栏中的"连续"复选框，然后单击图中的白色部分，删除白色像素。

（5）按【Ctrl+J】组合键复制"disc"图层，将复制所得的"disc 副本"图层拖到"底"图层组中。

图 3-2-13　封脊图层

（6）按【Ctrl+T】组合键自由变换"disc"图层，先顺时针旋转 90°，然后缩小到 12%，放到适当的位置。

（7）至此，"脊"图层组也已完成，折叠该图层组，并将其锁定。完成后的效果如图 3-2-14 所示。

图 3-2-14　封脊效果

7．制作封底

（1）将"disc 副本"图层缩小到 12%，"风景画 副本"图层缩小到 50%，再将它们放到适当的位置。

（2）建立两个文字图层，文字都设置为黑体，8 点，文字内容为"ISR CN-G08-2007-0073-00/A.J6""天宇音像出版社出版发行"。

（3）将文字放到适当位置，效果如图 3-2-15 所示。

图 3-2-15　封底效果

8．制作风景画的边框

（1）按住【Ctrl】键的同时在"图层"调板中单击"风景画 副本"图层的缩览图，载入图层选区。

（2）在"风景画 副本"图层之上新建"边框"图层，选择新图层。

（3）使用"描边"命令，设置颜色为白色，位置居中，宽度为 20 像素。

（4）用一个大的矩形选区框住风景画，然后执行"滤镜"|"扭曲"|"水波"命令，在弹出的对话框中设置数量为 11，起伏为 4，样式为"水池波纹"，单击"确定"按钮应用滤镜。

（5）折叠并锁定"底"图层组。完成后的效果如图 3-2-16 所示。

图 3-2-16　扭曲的边框

9．制作两条横线

（1）在"图层"调板的最上方新建"横线"图层，以其为当前图层。

（2）使用单行选框工具在文件窗口的上下方各加一条水平的单行选框。

（3）选框使用 20px 的宽度，填充 RGB（254，242，47）的颜色，对此单行选框进行居中描边。

（4）执行"滤镜"|"杂色"|"添加杂色"命令，设置数量为 14，平均分布。

（5）按住【Ctrl】键的同时在"图层"调板中单击"背景颜色"图层的缩览图，载入图层选区。按【Ctrl+Shift+I】组合键，反向选区以后，按【Delete】键清除多余的横线。操作完成后的"图层"调板如图 3-2-17 所示。

图 3-2-17　操作完成后的图层调板

（6）保存文件"光盘封面.psd"。再使用"存储为"命令将文件另存为"光盘封面作品.JPG"的格式。

相关知识与技能

1. "画笔"调板

对画笔的进一步的设置是在"画笔"调板中完成的。"画笔"调板的功能非常强大，不但可以模拟传统画笔的笔画方式，而且还能创造出许多有趣的自定义画笔。"画笔"调板不只是用于画笔设置，对铅笔工具、历史记录画笔工具、橡皮擦类工具、图章类工具、修补类工具以及修饰类的工具同样也适用。下面用几个例子来介绍 3 种较为典型的设置：

1）画笔笔尖形状设置

如图 3-2-18 所示是画笔笔尖形状设置的"画笔"调板窗口。

如图 3-2-19 所示为画笔笔尖不同设置示例。其中：

第一行是硬度为 100% 和 0% 的比较；

第二行是间距为 1% 和 150% 的比较；

第三行是圆度为 0% 和 50% 的比较；

第四行是角度为 45° 和 145° 的比较。

图 3-2-18 "画笔"调板

图 3-2-19 画笔笔尖不同设置示例

2）形状动态设置

在图 3-2-20 所示的示例中：

第一行是设置间距为 100%，大小抖动为 50% 的效果；

第二行是设置间距为 100%，大小控制为渐隐 10 的效果。选项设置如图 3-2-21 所示。

3）颜色动态设置

图 3-2-22 所示的示例中设置的是前景色（黑色）到背景色（白色）抖动。

图 3-2-20 大小抖动与渐隐效果   图 3-2-21 渐隐设置   图 3-2-22 颜色动态效果

2．扭曲滤镜

在 Photoshop 中，所谓的滤镜，就是用一些复杂的计算来改变图像的外观。扭曲类的滤镜就是让图像进行不同方式和不同程度的扭曲来完成图像外观的更改。扭曲类的滤镜有 9 个，以下对其中的 3 种扭曲类滤镜进行示例说明。

1）切变扭曲

沿一条曲线扭曲图像，可通过调整曲线上的任何一点来指定曲线，示例效果及选项设置如图 3-2-23 和图 3-2-24 所示。

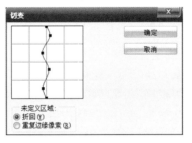

图 3-2-23 切变扭曲效果   图 3-2-24 切变扭曲设置

2）波纹扭曲

创建波状起伏的图案，像水池表面的波纹。示例效果和选项设置如图 3-2-25 和图 3-2-26 所示。

波纹扭曲了的文字

图 3-2-25 波纹扭曲效果   图 3-2-26 波纹扭曲设置

3）球面化扭曲

通过将选区折成球形，使对象具有 3D 效果。示例效果和选项设置如图 3-2-27 和图 3-2-28 所示。

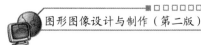
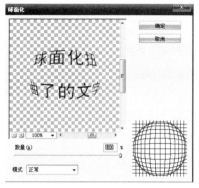

图 3-2-27　球面扭曲效果　　　　　　　　　　图 3-2-28　球面扭曲设置

拓展与提高

　　自定义画笔可以从一张灰度图像中创建，如果是彩色图像，创建后会自动去除颜色。画笔形状的大小最大可达 2500×2500 像素，但是一般在 100 像素以内就足够了。以下将用制作一个心形相框的实例来说明自定义画笔的创建与应用。

　　1）自定义画笔

　　打开文件 sc3-2-3.jpg，复制全部图像。新建文件，名称为"相框"，宽 640 像素，高 480 像素，分辨率为 72 像素/英寸，背景内容为"透明"。粘贴刚才复制的图像，用容差为"32"的魔术棒工具选中周围的白色像素并将其删除。

图 3-2-29　"画笔命名"对话框

　　打开"通道"调板，按住【Ctrl】键的同时单击"RGB"通道的缩览图，载入该通道的选区。

　　执行"编辑"｜"定义画笔预设"命令，弹出"画笔名称"对话框，输入自定义的画笔名称，如图 3-2-29 所示。

　　2）设置画笔

　　打开"画笔"调板，进行如下设置：

　　画笔笔尖形状：大小 40，间距 200%。

　　形状动态：大小抖动和角度抖动都为 50%。

　　散布：数量抖动 100%。

　　颜色动态：色相抖动为 100%，其他不变，如图 3-2-30 所示。

图 3-2-30　颜色动态

3）制作背景

新建图层，命名为"背景"，用白色进行填充。然后用定义好的画笔在其上涂抹，制作出一张由五颜六色的心形组成的背景。完成后的效果如图 3-2-31 所示。

图 3-2-31 心形组成的背景

4）制作立体边框

保持当前图层是"背景"图层，按住【Ctrl】键的同时在"图层"调板中单击"图层 1"的缩览图，载入图层选区。

执行"选择"｜"变换选区"命令，将选区调为适当大小和位置。

按【Delete】键删除选区内的像素，添加"投影""内阴影"和"斜面和浮雕"3 个图层样式。完成后的效果如图 3-2-32 所示。

图 3-2-32 立体边框

5）添加照片

打开文件 sc3-2-3.jpg，将其复制到"相框"文件中，调整各图层的顺序和图像的位置，"图层"调板如图 3-2-33 所示。

图 3-2-33 "图层"调板

6）保存文件

保存文件"相框.PSD"。再使用"存储为"命令将文件另存为"相框.JPG"的格式。完成后的效果如图 3-2-34 所示。

图 3-2-34 完成效果

思考与练习

（1）制作一条 Web 中常用的分隔线，如图 3-2-35 所示。

图 3-2-35 分隔线完成效果

（2）制作如图 3-2-36 所示的邮票效果图。

（3）定义一个苹果图案的画笔，用自定义的画笔制作一张请柬，如图 3-2-37 所示。苹果图案可以从文件 sc3-2-5.jpg 中取得。

图 3-2-36　邮票完成效果

图 3-2-37　请柬完成效果

任务三　制作 CD 外包装

任务描述

商品的包装不仅起到保护商品的作用，还具有积极的促销作用，在某些情况下，后者有时起到主要作用。试想一下，一个造型别致，色彩鲜艳，图案精美的商品，一个能使顾客容易理解，能让顾客产生好感而爱不释手的商品，一定能够击败其他竞争对手，从市场中脱颖而出。

本任务将通过制作一个 CD 产品外包装，来学习如何用 Photoshop CS6 制作商品包装效果图。作品完成后的效果如图 3-3-1 所示。

图 3-3-1　CD 包装效果图

任务分析

要将平面的图像制作成立体效果，就要具备一些透视学的基本原理和制作技术。本任务将按如下步骤进行设计：①使用"变换选区"命令，通过"旋转""斜切""透视"和"扭曲"等技术创建出一个立方体效果图；②使用渐变工具和"正片叠底"的混合方式来制作出明暗过渡的图像光影效果，用图层组整体变换技术来改变图像的位置与角度，用羽化选区方法与"高斯模糊"滤镜来制作物体的阴影，使用图案填充技术来为图像添加有纹理质感的背景；③使用"渲染"滤镜中的"光照效果"对图像作光照渲染。

方法与步骤

1．创建变形选区

（1）建立一个新的图像文件，名称为"光盘包装"，高为 150 毫米，宽为 300 毫米，分辨率为 200 像素/英寸，背景内容为"白色"。以文件名"光盘包装.PSD"保存文件。

（2）使用矩形选框工具绘制一个边长 100 毫米的正方形选区，在选区上右击，执行快捷菜单中的"变换选区"命令。

（3）在选区上右击，执行"旋转"命令；旋转选区 45°，斜切左面一条边，透视上面一条边，缩放到适当大小，如图 3-3-2 所示。

图 3-3-2　调整后的选区

2．设置渐变

（1）选择渐变工具，在渐变选项栏中打开渐变拾色器，双击第一行第三个"黑色到白色"渐变类型，如图 3-3-3 所示。

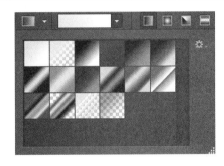

图 3-3-3　渐变拾色器

（2）在渐变选项栏中选中"线性渐变"及"反向"复选框，其他使用默认设置，如图 3-3-4 所示。

图 3-3-4　渐变方式

3．制作盒面

（1）建立一个新图层，命名为"正面"，用渐变工具在窗口的右上角到左下角成 45°方向拖出一条斜线，再按【Ctrl+D】组合键取消选区，效果如图 3-3-5 所示。

图 3-3-5　填充渐变后的选区

（2）建立一个矩形选区，在选区中右击，在弹出的快捷菜单中执行"扭曲"命令，将选区与渐变图像结合起来。完成后的效果如图 3-3-6 所示。

图 3-3-6　前侧面选区

（3）再建一个新图层命名为"前侧面"，用渐变工具在窗口拖出一条斜线，注意斜线的方向和长短，然后取消选区。

（4）用同样的方法建立"右侧面"图层，完成后的效果如图 3-3-7 所示。

图 3-3-7　完成效果

4．截取素材

（1）打开文件 sc3-3-1.jpg。

（2）按住【Alt】键，滚动鼠标滑轮放大图像。

（3）按住【Space】键使光标变成手形后拖动鼠标，将图像放到适当位置。

（4）使用矩形框工具选中整个封面部分。

（5）按【Ctrl+C】组合键复制选区中的图像，如图 3-3-8 所示。

（6）按【Ctrl+Tab】组合键，切换到上一个编辑的文件窗口。

图 3-3-8　截取素材

5．贴放各面中的图像

（1）按【Ctrl+V】组合键粘贴刚刚复制的封面图像，将新建的图层改名为"正面图"。

（2）按【Ctrl+T】组合键，先逆时针旋转 90°，然后使用"扭曲"命令将图像贴到"正面"图层上，按【Enter】键确认变换，如图 3-3-9 所示。

图 3-3-9　贴放正面图像

（3）将"正面图"图层调到"正面"图层之下，再设置"正面"图层的混合模式为"正片叠底"；不透明度为25%。"图层"调板结构如图 3-3-10 所示。

图 3-3-10　调整后图层的顺序

（4）重复以上步骤，制作"前侧面"和"右侧面"，注意这两个侧面使用的是同一张图像，只不过"右侧面"所用的图像经过简单修改后删除了两条横线。效果如图 3-3-11 所示。

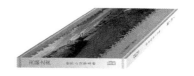

图 3-3-11　完成贴图

6．整理图层

（1）选中最上部的"右侧面"图层，按住【Shift】键的同时单击下面的"正面图"图层，这样可选中多个连续的图层。

（2）完成后单击"图层"调板下方的第一个"链接图层"按钮链接图层。图层被链接后，所有图层的相对位置不再发生改变，如图 3-3-12 所示。

（3）创建一个图层组，取名为"正面"，将这 6 个链接的图层全部拖放到组内，注意不要改变图层的顺序。

图 3-3-12　整理后的图层

7．制作第二个 CD 盒

（1）用"正面"图层组复制出一个新的图层组并取名为"反面"，调换位置，将"正面"组放在上边。

（2）选中"正面"图层组，按【Ctrl+T】组合键，先顺时针旋转 10°左右，然后拖放到适当位置，如图 3-3-13 所示。

图 3-3-13　复制图层组调整后的效果

（3）打开"反面"图层组，用上面步骤中介绍的方法将背面的图像替代"正面图"中的正面图像。制作时最好将"正面"图层组隐藏，这样不会挡住视线。完成后的效果如图 3-3-14 所示。

图 3-3-14　背面效果图

8．制作盘片效果图

（1）打开文件 sc3-3-2.jpg，选择魔术棒工具，容差设置为 10 左右，选择"连续"复选框，然后将白色背景选中，反选以后复制图像。

（2）回到"光盘包装"窗口，新建一个图层组，取名为"盘片"，粘贴刚刚复制的盘片图像。

（3）对盘片图像进行多次"缩放"与"斜切"以后，将光盘放平，效果如图 3-3-15 所示。

图 3-3-15　盘片效果图

9．制作多张盘片和投影

（1）选择"盘片"图层组中刚才新增的"图层 1"，运用"投影"图层样式，使用默认设置。按【Ctrl+J】组合键若干次，复制图层。最后改变各张盘片的位置，效果如图 3-3-16 所示。

图 3-3-16　多张盘片

（2）在"反面"图层组的下方新建一个图层，命名为"投影 1"，以其为当前图层。

（3）使用多边形套索工具在文件窗口中画出一个选区，如图 3-3-17 所示。

图 3-3-17　光盘盒的投影选区

（4）将选区填充为黑色，然后取消选区，再用"高斯模糊"滤镜对黑色块进行模糊处理，产生投影效果。模糊半径为 11 像素左右。

（5）在"正面"图层组的下方新建一个图层，命名为"投影 2"，并以其为当前图层。

（6）使用多边形套索工具在文件窗口中画出一个选区，如图 3-3-18 所示。

（7）羽化 5 个像素，填充颜色为黑色，再用"高斯模糊"滤镜对黑色块进行模糊处理，产生投影效果。模糊半径为 20 像素左右。

图 3-3-18　另一个光盘盒的投影选区

10．用图案填充背景

（1）选择"背景"图层，单击调板下方的"创建新的填充或调整图层"按钮，执行"图案"命令，弹出"图案填充"对话框，在拾色器中打开调板菜单，选择"彩色纸"，替换图案后的拾色器。

（2）在"图案"拾色器中选择倒数第二行第一列的图案"粉色纹理纸"，并缩放到 500% 的大小，如图 3-3-19 所示。

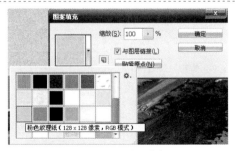

图 3-3-19　"图案"拾色器

11．制作光照渲染

（1）执行"图层"｜"拼合图像"命令，将所有图层合并到背景图层。

（2）使用"渲染"滤镜中的"光照效果"对图像作光照渲染。在"光照效果"对话框中选择"右上方点光"样式，如图 3-3-20 所示。

（3）将文件保存为"光盘包装.psd"，再使用"存储为"命令将文件另存为"光盘包装作品.jpg"的格式。

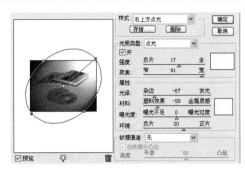

图 3-3-20 "光照效果"滤镜

相关知识与技能

1．填充与描边

1）填充

执行"编辑"｜"填充"命令可以对整个图层或选区进行填充。打开的"填充"对话框如图 3-3-21 所示。

在"内容"选项组的"使用"下拉列表中可以选择一种指定的颜色，如"前景色""背景色""黑色""50%灰色"或"白色"。其中"前景色"和"背景色"的填充分别可以用快捷键【Alt+Delete】和【Ctrl+Delete】替代。

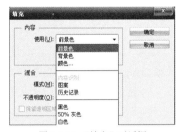

图 3-3-21 "填充"对话框

也可以使用从拾色器中选择的颜色填充，当选择"颜色"为使用内容时，将弹出"拾色器"对话框。

使用"历史记录"填充就是恢复"历史记录"调板中的图像快照。

使用"图案"填充时，只要单击"图案"示例旁边的下箭头按钮就可以选择一种预设的图案，如图 3-3-22 所示。还可以在调板菜单中载入其他图案，就像任务中所操作的那样。

2）描边

执行"编辑"｜"描边"命令可以对选区或图层进行描边，但是只能用一种颜色描边，如图 3-3-23 所示。

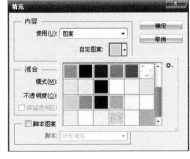

图 3-3-22 图案填充

图 3-3-23 "描边"对话框

如果需要进行比较复杂的描边工作，就要使用路径描边，关于路径操作将在单元五中介绍，但是例题中的许多地方已经出现过运用路径描边的方法。

2．渐变工具的使用

渐变工具可以创建多种颜色间的逐渐混合。通过鼠标在图像中拖动来使用渐变填充区域或图层：将指针定位在图像中要设置为渐变起点的位置单击鼠标左键并拖动到终点后释放鼠标。渐变在图像处理中的使用非常频繁，特别是在蒙版中的应用起着举足轻重的作用。如图 3-3-24 所示是部分渐变工具的选项栏内容。

图 3-3-24　渐变工具选项栏

单击最左边的渐变示例可以打开"渐变编辑器"对话框，旁边的倒三角按钮能打开"渐变拾色器"，如图 3-3-25 所示。有 5 种不同类型的渐变方式按钮：

线性渐变：以直线从起点渐变到终点，如图 3-3-26 所示。

径向渐变：以圆形图案从起点渐变到终点，如图 3-3-27 所示。

角度渐变：围绕起点以逆时针扫描方式渐变，如图 3-3-28 所示。

图 3-3-25　"渐变拾色器"对话框

对称渐变：使用均衡的线性渐变在起点的任一侧渐变，如图 3-3-29 所示。

菱形渐变：以菱形方式从起点向外渐变，终点定义菱形的一个角，如图 3-3-30 所示。

图 3-3-26　线性渐变　　图 3-3-27　径向渐变　　图 3-3-28　角度渐变　　图 3-3-29　对称渐变　　图 3-3-30　菱形渐变

拓展与提高

除了 Photoshop 提供的渐变样式外，使用渐变编辑器还可以自定义渐变样式。下面将通过制作一张汽车广告海报，来学习如何使用渐变编辑器。

（1）打开图像文件 sc3-3-3.jpg，按【Ctrl+J】组合键复制图层，新图层命名为"汽车"。建立文字图层"梦"，字体为行楷，大小为 100 点。栅格化文字图层，按【Ctrl+T】组合键自由变换图形，如图 3-3-31 所示。

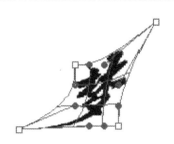

图 3-3-31　文字变形

（2）建立文字图层"开始的地方"，字体为黑体，大小为 30 点。"图层"调板如图 3-3-32 所示。

图 3-3-32　"图层"调板

（3）建立图层，命名为"卷角"，用矩形选框工具绘制一个矩形选区，大小为 40 毫米×100 毫米。选择渐变工具，通过选项栏中打开"渐变编辑器"对话框，载入"蜡笔"渐变预设，如图 3-3-33 所示。

图 3-3-33　"蜡笔"渐变预设

（4）选择最后一个渐变样式"褐色、棕褐色、浅褐色"，然后在色条下方第二和第四个色标上双击，设置颜色为白色，再双击下方最后一个色标，设置颜色加深。在色条上方的中间部位单击，创建一个透明色标，设置不透明度为 80%，如图 3-3-34 所示。

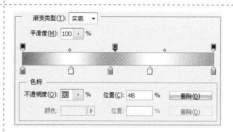

图 3-3-34　在"渐变编辑器"中设置渐变

（5）用渐变工具在选区中拖出一个从左到右的渐变，取消选区，使用【Ctrl+T】组合键自由变换图形，使用"透视"方式后效果如图 3-3-35 所示。

图 3-3-35　透视了以后的渐变色块

（6）用椭圆选框工具画一个正圆选区，按【Delete】键删除多余的部分，如图 3-3-36 所示。

图 3-3-36　删除多余部分

（7）再次使用【Ctrl+T】组合键自由变换图像，通过旋转和位移将"卷角"图像放到版面的右下角。用多边形套索工具选中图像的右下的缺角部分，如图 3-3-37 所示。

图 3-3-37　选择缺角部分

（8）选择"汽车"图层，按【Delete】键删除缺角部分图像。加入图像文件 SC3-2-4.jpg 后调整图层顺序，完成后以"汽车广告.jpg"为名保存文件，效果如图 3-3-38 所示。

图 3-3-38　完成后的效果

思考与练习

（1）用选区描边的方法创建一个发光的文字图像，如图 3-3-39 所示。

> **提示**
>
> 　　建立一个 320×240 大小的文件，用黑色填充背景，建立文字选区，描边后用外发光图层样式。

（2）自定义一个图案后，用填充图案的方法创建一个发光箭头的图像，如图 3-3-40 所示。

> **提示**
>
> 　　建立一个 320×240 大小的文件，用黑色填充背景，定义一个边长为 5 点的图案，在选区中填充自定义的图案。

（3）请将两个图像文件 sc3-2-5.jpg 和 sc3-2-6.jpg 合成一个图像，效果如图 3-3-41 所示。

> **提示**
>
> 　　建立一个 640×480 大小的文件，将两个图像分别复制在两个图层上，对上面图层使用蒙版，用黑白渐变填充蒙版。

图 3-3-39　发光文字效果　　　　图 3-3-40　发光箭头效果　　　　图 3-3-41　图像合成后的效果

项目实训　神秘花园——设计和制作 CD 盒封

项目描述

　　著名的萨克斯演奏家陈丰先生曾出过一张《神秘花园》专辑，让迷人的萨克斯乐曲带着听众走进如梦如幻的神秘花园，要求设计并制作这张萨克斯 CD 盒的封面。作品制作完成后的效果如图 3-4-1 所示。

图 3-4-1　《神秘花园》CD 的盒封面

项目要求

　　根据前面的任务已经知道，CD 盒的尺寸是 143 毫米×124 毫米×12 毫米，平铺以后就成了一张长为 269 毫米，宽为 125 毫米的矩形图像。封面的背景是一张暗绿色调的热带雨林风景照，整张图片充满版面，再配以文字的纵横排列，营造出强烈的视觉冲击力。封面中除了具有一些 CD 盒中必要的元素之外，还配置了萨克斯的图片和水印，使人一眼就感知到这是一张萨克斯乐曲的 CD。在制作过程中，要求使用前面所学习过的一些图像编辑方法和技术，如文字图层、画笔设置和运用、渐变工具、调整图层和图层样式以及图层的管理。

项目提示

　　（1）新建一个图像文件，设置宽度为 310 毫米；高度为 135 毫米；分辨率为 200 像素/英寸；颜色模式为 RGB 颜色；白色背景。

　　（2）将文件 sc3-4-1.jpg 复制到新文件中，并用"色阶"调整其对比度。

　　（3）建立一个图层组放置所有封底图层，复制出 sc3-4-2.jpg 中的萨克斯图像，放入封底图层组中，添加"外发光"图层样式。

　　（4）添加文字和 sc3-4-3.jpg 中的"disc"图像，完成封底的制作。

　　（5）建立一个"封脊"图层组，添加二行直排文字，分别为文字添加"投影"和"外发光"样式。添加 sc3-4-3.jpg 中的图像，顺时针旋转 90°。

　　（6）建立一个"封面"图层组，建立文字图层"迷人的萨克斯风"，在其后制作一个

色块，用色块产生一个选区，将选区转换成路径，再用150%间隔的圆点画笔对路径描边。

（7）建立文字图层"神秘花园"，斜切文字图层，然后为文字图层加上"外发光"样式。

（8）按照文字的大小建立矩形选区，斜切和羽化选区，用白色填充。

（9）建立文字图层"萨克斯演奏：陈丰"，按照文字的大小建立矩形选区，羽化选区，用渐变填充。

（10）以"神秘花园.jpg"为名保存文件。

项目评价

能力	内 容		评 价		
	能 力 目 标	评 价 项 目	3	2	1
职业能力	能正确设置颜色	能设置前景色			
		能设置背景色			
		能使用拾色器			
	能设置画笔	能设置画笔选项栏			
		能设置"画笔"调板			
	能使用画笔	能用画笔涂抹			
		能用画笔画直线			
		能用画笔描边路径			
	能使用滤镜	能用扭曲类滤镜			
		能用渲染类滤镜			
	能进行图层和选区填充	能填充颜色			
		能填充图案			
	能使用渐变	能使用渐变			
		能自定义渐变			
通用能力	能清楚、简明地发表自己的意见与建议				
	能服从分工，主动与他人共同完成学习任务				
	能关心他人，并善于与他人沟通				
	能协调好组内的工作，在某方面起到带头作用				
	积极参与任务，并对任务的完成有一定贡献				
	对任务中的问题有独特的见解，起来良好效果				
综 合 评 价					

项目实训评价表

单元四

快乐童年——制作电子相册

电子相册的应用十分广泛，从商业宣传广告到家庭休闲娱乐都可以将来自各处的照片合成一部电子相册。无论使用什么软件制作电子相册，一般都需要经过照片的输入、处理与合成 3 个步骤。本单元将介绍使用 Photoshop 软件制作电子相册的全部过程，通过学习可以掌握照片的修复、修饰和合成等图像处理技术，还能使用动作和批处理等技术让图像编辑工作更加方便与快捷。

能力目标

- 能使用混合与调整图层的方法调整图像的色调
- 能使用图章工具和修复工具修整缺损的图像
- 能应用加深、海绵等修饰工具修饰图像局部像素
- 能运用艺术效果类滤镜对图像进行艺术加工处理
- 能使用动作与批处理技术加快编辑工作
- 能创建与使用 PDF 演示文稿

任务一　照片的修复与调整

任务描述

　　无论是扫描输入还是数码照相机直接拍摄，由于设备、环境等因素，都会使照片存在或多或少的缺陷甚至破损。比如，照片上的污点、划痕，拍摄时曝光过度或不足，由于物体的反光而偏色，因阴天而色调平淡无层次等。因此，在照片输入后首先应该对照片进行必要的修整。运用图层的混合模式可以调整光的明暗对比度，运用调整色彩平衡等方法可以调整图像的颜色色调，运用图章与修复工具可以修复图像中的缺损像素。本任务将对存在偏色与缺少层次的照片进行色彩调整，如图 4-1-1 所示是调整后的图片。

图 4-1-1　调整色彩后的图片

任务分析

　　任务中通过对一组照片的编辑来学习照片修复和颜色调整的一些方法和技巧：①对那些光线较暗（或曝光不足）的照片图像可使用滤色混合模式、色阶调整及曲线调整等方法增加其亮度；②对于光线较明亮的图像可使用正片叠底的混合模式等方法来减少图像的亮度；③对那些有偏色的图像可以使用色彩平衡的调整方式进行色彩的还原；④对那些色调平淡无层次的图像可以用柔光混合模式让图像的色阶跨度更大些，调整色相与饱和度让图像颜色更鲜艳些；⑤用修复工具和图章工具来修改损坏的像素。

方法与步骤

1．调整灰暗平淡的照片

　　（1）使用图层混合模式。打开文件 sc4-1-1.jpg，这是一张比较灰暗又平淡的图像，首先增加照片的亮度：按【Ctrl+J】组合键复制"背景"图层，将新图层命名为"滤色"，然后改变该图层的混合模式为"滤色"。接着改变图像的对比度为 40；再次按【Ctrl+J】组合键复制"滤色"图层，修改新图层的名称为"柔光"，将其混合模式改为"柔光"。"图层"调板如图 4-1-2 所示。

图 4-1-2　"图层"调板

（2）使用蒙版。选中"滤色"图层，单击"图层"调板下方的"添加图层蒙版"按钮，为其添加一个蒙版。选择渐变工具，设置为"线性渐变"模式，用从黑色到白色渐变填充蒙版，填充时从图像的顶部单击，同时按住【Shift】键向下拖动到图像中间部位。参考图 4-1-3 所示的渐变位置与大小。

图 4-1-3　图层蒙版中的渐变

（3）保存文件。执行"文件"｜"存储"命令，或按【Ctrl+S】组合键，以"照片 01.psd"为文件名保存文件。效果如图 4-1-4 所示。

图 4-1-4　照片 01 的效果

2. 调整亮度太强的照片

（1）使用正片叠底混合模式。使用正片叠底混合模式可以减少图像的亮度。打开文件 sc4-1-2.jpg，按【Ctrl+J】组合键复制"背景"图层，将新图层命名为"正片叠底"，然后改变该图层的混合模式为"正片叠底"。再次按【Ctrl+J】组合键复制"正片叠底"图层，修改新图层的名称为"柔光"，将其混合模式改为"柔光"，并将它的"不透明度"改为 50%。"图层"调板如图 4-1-5 所示。

图 4-1-5　图层的不透明度已改变

（2）保存文件。按【Ctrl+S】组合键弹出"存储为"对话框，以"照片 02.psd"为文件名保存文件。效果如图 4-1-6 所示。

图 4-1-6　照片 02 的效果

3．调整无层次感，偏色的照片

（1）观察图像。打开 sc4-1-3.jpg 文件，这张照片不但灰蒙蒙的缺少层次感，色彩较暗淡，而且红色偏多，存在较严重的偏色问题。原照片如图 4-1-7 所示。

图 4-1-7　照片 03 的原图

（2）调节色彩平衡度。执行"图层"|"新建调整图层"|"色彩平衡"命令，创建一个"色彩平衡"调整图层，在"色彩平衡"属性调板中，拖动最上面的一个调节按钮远离"红色"30，再拖动第三个调节按钮增加"蓝色"15。也可以直接输入数字，如图 4-1-8 所示。

图 4-1-8　"色彩平衡"对话框

（3）使用"色阶"。使用"色阶"可以精确地调整亮度与对比度。执行"图层"|"新建调整图层"|"色阶"命令，创建一个"色阶"调整图层，在"色阶"属性调板中，设置"输入色阶"为 27、1.55、227，其他不变，如图 4-1-9 所示。

图 4-1-9　"色阶"对话框

（4）"图层"调板中的调整图层。在"图层"：调板中增加了两个调整图层"色彩平衡 1"和"色阶 1"，如图 4-1-10 所示。

图 4-1-10　完成后的"图层"调板

（5）保存文件。调整后的图像色调有了很大的改观，如果感到不满意还可以双击调整图层的缩览图重新进行设置。完成后按【Ctrl+S】组合键弹出"存储为"对话框，以"照片 03.PSD"为文件名保存文件。效果如图 4-1-11 所示。

图 4-1-11　照片 03 的效果

4. 修复有污点、划痕的照片

（1）污点修复画笔工具。打开 sc4-1-4.jpg 文件，这是一张经过扫描得到的照片，背景上有许多损坏的像素，中间有一条黑带的墙面，现使用修复工具进行修复。

按【Ctrl+J】组合键复制背景图层，修复工作将在新图层上完成，这样就不会破坏到原始图像。

选择污点修复画笔工具，调整画笔的大小为 30px，硬度为 100%，分别在墙面的 3 个白点上单击以去除白点。图 4-1-12 所示为单击第一个白点前的状态。

图 4-1-12　单击第一个白点前的状态

（2）修复画笔工具。选择修复画笔工具设置同（1）。

按住【Alt】键，同时在如图 4-1-12 所示的白圆圈的附近单击，此时鼠标光标变成了"靶子"形状，如图 4-1-13 所示，然后释放【Alt】键。刚才单击过的地方称为"取样点"，"取样点"可以多次重复设置。

沿着白线拖动鼠标，直到白线全部消失。如果需要可以暂时终止拖动，重新再设置另一个"取样点"。

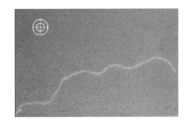

图 4-1-13　按住【Alt】键单击

（3）修补工具。选择修补工具，在墙上左边有黑带的地方画出一个选区，如图 4-1-14 所示。然后，拖动这个选区至上方空白干净的墙面上，然后释放鼠标。

用相同的方法在右边墙面上用修补工具画出一个选区，并将选区拖动到"干净"的墙面上。

图 4-1-14　使用修补工具

（4）保存文件。完成后按【Ctrl+S】组合键，弹出"存储为"对话框，以"照片 04.psd"为文件名保存文件，效果如图 4-1-15 所示。

图 4-1-15　照片 04 的效果

5．修复红眼缺陷的照片

打开 sc4-1-5.jpg 文件，按【Ctrl+J】组合键复制背景图层，选择红眼工具，在有红眼的位置拖出一个矩形选区，如图 4-1-16 所示，释放鼠标后红眼即消失。

使用污点修复画笔工具去掉左边脸上的黑点。

按【Ctrl+S】组合键，以"照片 05.psd"为文件名保存文件。

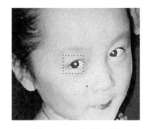

图 4-1-16　红眼工具

6．去除照片中的多余图像

（1）图章工具。打开 sc4-1-6.jpg 文件，按【Ctrl+J】组合键复制"背景"图层，放大图像至适当的画面。

选择仿制图章工具，调整画笔的大小为 20px，硬度为 100%。

将光标放在如图 4-1-17 所示的位置，按住【Alt】键，此时鼠标光标变成了"靶子"形状，单击创建一个"取样点"。

图 4-1-17　仿制图章工具选择取样点

（2）去除人像。在多余的人像上涂抹，直到人像被全部清除掉，完成后如图 4-1-18 所示。

用相同的方法将背景中右边多余的人像也去除掉。

按【Ctrl+S】组合键，以"照片 06.psd"为文件名保存文件。

图 4-1-18　去掉多余的图像以后

相关知识与技能

1．图章工具

1）仿制图章工具

仿制图章工具可以先在图像中设置一个"取样点"（用【Alt】键配合），然后将样本图像应用到其他图像上。仿制图章工具在要复制对象或移去图像中的缺陷时非常有用。

仿制图章工具可使用任何画笔笔尖，还可以控制其不透明度和流量，还有一个属性就是"对齐"属性。当"对齐"属性处于取消选择状态时，在每次绘画时重新使用同一个样本。如图 4-1-19 所示，取消"对齐"属性后多次重复绘画的效果。

2）图案图章工具

图案图章工具利用图案进行绘画，图 4-1-20 所示为将一枝花定义成图案后再用图案图章工具涂抹的效果。

图 4-1-19　取消"对齐"属性后效果　　　　　　图 4-1-20　图案图章工具

2．修复工具的使用

Photoshop CS6 提供了 5 种修复工具：污点修复画笔工具、修复画笔工具、修补工具、内容感知移动工具和红眼工具，如图 4-1-21 所示。

1）污点修复画笔工具

污点修复画笔工具可自动从所修饰区域的周围取样，并将样本像素的纹理、光照、透明度和阴影与所修复的像素相匹配。与修复画笔工具相比，污点修复画笔工具可以快速移去照片中面积较小的污点。

图 4-1-21　4 种修复工具

在选项栏中有两个不同的"类型"选项：

近似匹配：使用选区边缘周围的像素纹理。

创建纹理：使用选区中的像素纹理。

使用两个选项前后效果对比如图 4-1-22～图 4-1-24 所示。

图 4-1-22　修改前　　　　图 4-1-23　用"近似匹配"修改　　　　图 4-1-24　用"创建纹理"修改

2）修复画笔工具

修复画笔工具的用法与仿制图章工具一样，先设置取样点，然后在需要修复的地方涂抹。与仿制图章工具不同的是修复画笔工具还可将样本像素的纹理、光照、透明度和阴影与所修复的像素进行匹配。图 4-1-25 和图 4-1-26 所示为使用仿制图章工具与修复画笔工具效果的比较。

3）修补工具

通过使用修补工具，可以用其他区域或图案中的像素来修复选中的区域。像修复画笔工具一样，修补工具会将样本像素的纹理、光照和阴影与源像素进行匹配。

4）内容感知移动工具

通过使用内容感知移动工具，能将选中的图像移动到其他位置，并同新的环境融合成一体。

图 4-1-25　使用仿制图章工具效果　　　　　　图 4-1-26　使用修复画笔工具效果

5）红眼工具

红眼工具可移去由闪光灯导致的红色反光。

拓展与提高

一张照片是否存在偏色，有时眼睛是看不出来的，即使够判断出有偏色，也不能辨别出偏色量是多少，这样就需要使用专门的工具来探测像素颜色的组成。下面介绍通过吸管工具和"信息"调板的使用方法来解决这类问题。

1）吸管工具

打开文件 sc4-1-7.jpg，选择吸管工具，按住【Shift】键的同时在图像的背景墙上单击，增加一个取样点。图像中的墙面应该是白色的，所以将取样点放在墙上。也可以用颜色取样器工具，直接在墙面上单击来创建一个取样点。设置取样大小为"5×5 平均"，如图 4-1-27 所示。

图 4-1-27　建立一个取样点

2）"信息"调板

按【F8】键，打开"信息"调板，可以看到吸管所在位置的 RGB 的值分别是 241、224和 217，如图 4-1-28 所示，显然图像偏向红色和黄色。

图 4-1-28　"信息"调板

3）调整色彩平衡

在"图层"调板中单击下方的"创建新的填充或调整图层"按钮，在下拉菜单中选择"色彩平衡"命令，创建一个新的"色彩平衡"调整图层。在"色彩平衡"调板中，选择"中间调"和"保留明度"复选框，"色阶"为-92、+28、+56，如图 4-1-29 所示。

图 4-1-29　"色彩平衡"调板

4）"信息"调板上的取样点

现在可以看到"信息"调板上取样点的 RGB 值都是"232"，这正是所需要的白色，如图 4-1-30 所示。

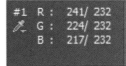

图 4-1-30　取样点的 RGB 值

5）保存文件

按【Ctrl+S】组合键，以"照片 07.psd"为文件名保存文件，效果如图 4-1-31 所示。

图 4-1-31　照片 07 的效果

思考与练习

（1）修复照片图像文件 sc4-1-8.jpg，使图像的层次更丰富，色彩更艳丽，效果如图 4-1-32 所示。

提示

使用二次的"柔光"混合图层。

图 4-1-32　修复后的图像效果

（2）请将图像文件 sc4-1-9.jpg 中的木桩子和白栏杆清除掉，效果如图 4-1-33 所示。

提示

可以使用仿制图章工具或修复画笔工具。

图 4-1-33　修整后的效果

（3）照片图像文件 sc4-1-10.jpg 存在偏色和发灰的问题，请用调整图层的方法修复图像。调整效果如图 4-1-34 所示。

提示

先用吸管工具取样白云像素，查看其 RGB 值，然后调整"色彩平衡"使白云变纯；再用"色阶"来调整图像的明暗度，使图像画面更富有浓郁的秋色美景。

图 4-1-34　修整后的效果

任务二　照片的修饰与美化

任务描述

　　对原始照片进行修整以后，还需要锦上添花，进一步对照片进行加工、修饰和美化，提升照片的可欣赏性。修饰照片的方法多种多样，此任务将运用图像的修饰工具、锐化和模糊滤镜、色相饱和度与渐变映射调整图层等技术和手段，为原本平淡的照片添色加彩，使照片更加靓丽。本任务中将对一幅照片进行修饰，完成后的效果如图 4-2-1 所示。

图 4-2-1　修饰后的照片

任务分析

　　本任务使用以下步骤完成：①用模糊滤镜来制造背景虚化的效果；②用色相饱和度调整照片的色调；③用渐变映射方法进行去色，使彩照变成单色照片；④用各种修饰工具对图像进行局部修改；⑤用锐化滤镜让照片更清晰；⑥用图层蒙版为照片添加背景；⑦用"动作"调板给图像加边框。通过制作这些照片的效果，将学会编辑局部图像的高级技巧，锐化和模糊滤镜的使用方法，加深、减淡、海绵、模糊、锐化等各种修饰工具的操作技术以及"动作"调板的实际应用。

方法与步骤

　　（1）使用双窗口观察图像。打开文件 sc4-2-1.jpg，按【Ctrl+J】组合键复制"背景"图层，执行"窗口"｜"排列"｜"为'SC4-2-1 .JPG'新建窗口"命令，打开第二个观察窗口。

　　按【Shift+Tab】组合键隐藏所有调板。执行"窗口"｜"排列"｜"双联垂直"命令，激活左边窗口，按【Ctrl++】组合键 4 次，将其放大到 400%，如图 4-2-2 所示。

图 4-2-2　使用两个观察窗口

（2）使用模糊工具。选择模糊工具，按【[】键多次，直到画笔大小为 10px；按【Shift+[】组合键多次，直到画笔的硬度为 0%，画笔的强度设为 15%。

用设置好的模糊工具画笔在人物的脸部与头发的交界处涂抹，同时观察右边窗口人物图像的变化。若对涂抹后的变化不满意，可按【Ctrl+Z】组合键撤销之前的操作。如要改变图像的位置，可按住【Space】键再用鼠标将图像拖移到需要的位置。

继续用模糊工具涂抹，直到看不到白色的噪点，脸部图像比较柔和为止，如图 4-2-3 所示。

图 4-2-3　使用了模糊工具前后的比较

（3）使用减淡工具。用红眼工具先去除眼睛中的红色像素。

选择减淡工具，设置画笔大小为 10px，硬度为 0%，范围是"中间调"，曝光度为"10%"。

在人物眼睛下面反复涂抹直到黑色像素被去除。在运用减淡工具时，要时刻注意观察右边窗口中的人物图像，以免将人物画成一个大花脸，如图 4-2-4 所示。

图 4-2-4　使用减淡工具前后的比较

（4）使用海绵工具。选择海绵工具，设置画笔大小为 10px，硬度为 0%，模式为"降低饱和度"，流量为"20%"。

在人物的额头和颈部涂抹，将那里的黄色图像全部去除掉。

添加一个"曲线"调整图层，不作任何设置，确定后将图层的混合模式改为"滤色"，整个图像变亮。"图层"调板如图 4-2-5 所示。

图 4-2-5　"图层"调板

（5）线性加深模式。在图层顶部添加一个新图层，命名为"线性加深"。

设置前景色为 RGB（255，200，0），背景色为白色。

选择渐变工具，设置"前景到背景"的线性渐变。

在图像窗口中从左上角至右下角拖出一条渐变线，填充渐变。

将"线性加深"图层的混合模式设置为"线性加深"，如图 4-2-6 所示。

图 4-2-6　"线性加深"图层

（6）图层蒙版。为"线性加深"图层添加一个图层蒙版，选择画笔工具并设置黑色，大小为70，硬度为0%，模式为"正常"，不透明度为20%，流量为100%。

用画笔工具在图像窗口中人物的脸上涂抹，使人物脸部完全显示出来。

完成后的效果如图4-2-7所示。

按【Ctrl+S】组合键，以"照片11.psd"为文件名保存文件。

图 4-2-7　照片 11 的效果

（7）"色板"调板。打开文件 sc4-2-2.jpg，打开"色板"调板，单击最后一个色块"深黑暖褐"色，再按【X】键，切换前景色和背景色，再次在"色板"调板第一行上单击"15%灰度"色块，再按【X】键，如图4-2-8所示。

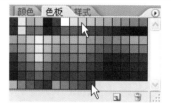

图 4-2-8　"色板"调板

（8）渐变映射调整图层。为"背景"图层添加一个"渐变映射"调整图层，在弹出的"渐变映射"对话框中选择"前景到背景"的渐变类型，如图4-2-9所示。

图 4-2-9　"渐变映射"对话框

（9）保存文件。按【Ctrl+S】组合键，以"照片12.psd"为文件名保存文件。完成后图像效果如图4-2-10所示。

图 4-2-10　照片 12 的效果

（10）高斯模糊。打开文件 sc4-2-3.jpg，按【Ctrl+J】组合键复制背景图层，执行"滤镜"｜"模糊"｜"高斯模糊"命令，打开"高斯模糊"对话框，设置模糊半径为 6.0 像素，如图 4-2-11 所示。

图 4-2-11　高斯模糊设置

（11）图层蒙版。为"图层 1"添加一个蒙版，用从黑色到白色的线性渐变填充下黑上白的渐变。然后用黑色画笔工具在蒙版上涂抹，将人物的模糊效果取消。此时"图层"调板如图 4-2-12 所示。

图 4-2-12　添加了图层蒙版

（12）保存文件。新增一个"色相与饱和度"调整图层，设置饱和度为+25，其他值不变。

按【Ctrl+S】组合键，以"照片 13.PSD"为文件名保存文件。完成效果如图 4-2-13 所示。

图 4-2-13　照片 13 的效果

（13）明度通道。打开文件 sc4-2-4.jpg，执行"图像"｜"模式"｜"Lab 颜色"命令，打开"通道"调板，选择"明度"通道，如图 4-2-14 所示。

图 4-2-14　"通道"调板

（14）USM 锐化。执行"滤镜"｜"锐化"｜"USM 锐化"命令，在弹出的"USM 锐化"对话框中设置数量为 240%，半径为 1.5 像素，阈值为 5 色阶，如图 4-2-15 所示。确定后按【~】键打开全部通道。执行"图像"｜"模式"｜"RGB 颜色"命令。

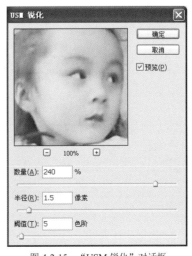

图 4-2-15　"USM 锐化"对话框

（15）色相与饱和度。新增一个"色相和饱和度"调整图层，设置色相为-10，饱和度为+30，其他值不变，如图4-2-16所示。

图4-2-16　"色相/饱和度"对话框

（16）溶解模式。新建一个图层，设置该图层混合模式为"溶解模式"。然后，在人物的头部周围建立一个椭圆形的选区，设置羽化值为25，按【Shift+Ctrl+I】组合键反向选区，用白色填充，结果如图4-2-17所示。

按【Ctrl+S】组合键，以"照片14.PSD"为文件名保存文件。

图4-2-17　照片14的效果

（17）"动作"调板。打开文件sc4-2-5.jpg，打开"动作"调板，单击调板菜单按钮，执行"画框"命令，如图4-2-18所示，加入"画框"动作。

图4-2-18　"动作"调板

（18）播放动作。打开"画框"动作组，选择"前景色画框"动作，单击下方的"播放"按钮，播放选定的动作，如图4-2-19所示。

图4-2-19　播放动作

（19）暂停与继续播放。当第一次出现提示信息"图像的高度和宽度均不能小于 100 像素。"时单击"继续"按钮以继续执行动作。

再次出现提示信息"请现在选择前景颜色，然后按'播放'按钮。"时单击"停止"按钮，暂停动作的执行，如图 4-2-20 所示。

图 4-2-20　暂停信息

（20）保存文件。选择一种前景色，然后再次单击"播放"按钮，结果如图 4-2-21 所示。

按【Ctrl+S】组合键，以"照片 15.psd"为文件名保存文件。

图 4-2-21　照片 15 的效果

相关知识与技能

1．修饰画笔工具

对图像的局部细节进行修饰，需要用到加深、减淡、海绵、模糊、锐化等各种修饰画笔工具。这些画笔工具在使用时应该特别注意它们的强度、流量与曝光度都不能太大，最好在 20%以下。这里将用几张图像的例子来介绍它们的使用效果。

1）模糊工具与锐化工具

模糊工具可柔化图像边缘，减少图像中的细节。而锐化工具的作用正好相反，它可以聚焦软边缘，提高图像的清晰度。使用模糊工具与锐化工具的效果如图 4-2-22 所示。

（a）原图　　　　　　　　　（b）模糊　　　　　　　　　（c）锐化

图 4-2-22　模糊与锐化效果对比

2）减淡工具与加深工具

使用减淡工具可使像素变亮（减淡），使用加深工具可使像素变暗（加深），两种效果如图 4-2-23 所示。

3）海绵工具

海绵工具中有两个重要的选项："加色"用于增加颜色的饱和度，使图像更加鲜艳；"去色"用于减弱颜色的饱和度，使图像失掉颜色，两种效果如图 4-2-24 所示。

（a）原图　　　　　　　　（b）减淡　　　　　　　　（c）加深

图 4-2-23　减淡与加深效果对比

（a）原图　　　　　　　　（b）加色　　　　　　　　（c）去色

图 4-2-24　加色与去色效果对比

2．动作调板

在 Photoshop 中一个动作就是一组操作命令或操作步骤。记录动作就是将一系列操作命令或操作步骤保存起来。播放动作就是自动执行保存着的一组操作命令或操作步骤。与动作相关的操作基本是在"动作"调板上完成的，如图 4-2-25 所示。

在"动作"调板中，"默认动作"是 Photoshop 开始就存在的一个动作组。下面是"画框"动作组，它是由调板菜单加载进去的，现已经被打开。在动作组中可以存放动作，如图 4-2-25 中的"滴溅形画框"动作和"笔刷形画框"动作，其中后者已经被打开，可以看到它包含了若干个操作命令，第一个是"建立快照"操作，第二个是"转换模式"操作。

图 4-2-25　"动作"调板

在"动作"调板下方有一行命令按钮，自左向右分别是：

- "停止"按钮：用于停止播放动作或记录动作。
- "记录"按钮：用于保存操作过程（一组操作命令或操作步骤）。
- "播放"按钮：用于执行一个动作或一个操作命令。
- "新建组"按钮：用于新建一个动作组。
- "新建"按钮：用于新建一个动作。
- "删除"按钮：用于删除一个操作或一个动作或一个动作组。

拓展与提高

"可选颜色"是一种校正技术，用于对图像中的某个原色成分进行更改，同时不会影响到其他颜色。如下面的例子中将对图像中的绿色和黄色进行修改，同时对图像中的红色等其他颜色不产生任何影响。

1）可选颜色

打开文件 sc4-2-6.jpg，单击"图层"调板下方的"创建新的填充或调整图层"按钮，在弹出菜单中选择"可选颜色"命令，添加一个"可选颜色"调整图层，在"可选颜色选项"属性调板中，设置青色为 0%，洋红 40%，黄色为 0%，黑色为 0%，方法为"绝对"，如图 4-2-26 所示。

图 4-2-26　"可选颜色选项"调板

2）设置可选颜色

继续在"可选颜色选项"属性调板中设置。

黄色中的青色为 50%，洋红为-50%，黄色为-20%，黑色为+10%，方法为"绝对"。

绿色中的青色为+60%，其他为 0%，方法为"绝对"。

白色中的黑色为-20%，其他不变。

最后设置黑色中的黑色为+20%，其他不变。

图层情况如图 4-2-27 所示。

图 4-2-27　添加了"可选颜色"调整图层

3）制作白云背景

打开文件 sc4-2-7.jpg，将背景图像全部复制到文件 sc4-2-6.jpg 中的新图层中，然后按【Ctrl+T】组合键放大图像，并为该图层添加一个图层蒙版，用从黑到白的线性渐变填充，如图 4-2-28 所示。

图 4-2-28　图层蒙版

4）修改蒙版

用黑色与白色的画笔在蒙版上涂抹，完成后效果如图 4-2-29 所示。

以"可选颜色.psd"为名保存文件。

图 4-2-29　完成后的效果

思考与练习

（1）请使用各种修复与修饰工具和锐化滤镜将文件 sc4-2-8.jpg 中的人像照片修整成如图 4-2-30 所示。完成后以"修饰.psd"为名保存文件。

（a）原始照片　　（b）修整后的照片

图 4-2-30　照片修整前后的比较

（2）在文件 sc4-2-9.jpg 中将人物的背景虚化以突出主题人物，如图 4-2-31 所示。完成后以"虚化背景.psd"为名保存文件。

（a）原始照片　　（b）处理后的照片

图 4-2-31　照片处理前后的效果比较

提示

在"背景"图层上复制两个图层，上一个图层用"高斯模糊"加蒙版方法将背景虚化，下一个图层用"柔光"混合模式使人物更加清晰和饱满。

（3）在文件 sc4-2-10.jpg 中使用动作添加"暴风雪"效果，如图 4-2-32 所示。以"暴风雪.psd"为名保存文件。

提示

在"动作"调板中载入"图像效果"动作组，应用其中的"暴风雪"动作。

图 4-2-32　暴风雪效果

任务三　制作电子相册

任务描述

将工作、学习与生活中的一组照片集中起来存放在一个文件中，可以更加方便地对照片进行传播、交流、存储、共享、欣赏。与传统意义中的相册一样，电子相册也受到了人们的重视与青睐。使用 Photoshop 制作电子相册是一件非常容易的事。

本任务首先对照片进行整理与合并，然后使用"PDF 演示文稿"命令制作较简单的 PDF 幻灯片放映形式的电子相册。图 4-3-1 所示为演示文稿中的首页图像。

图 4-3-1　电子相册首页

任务分析

电子相册的形式很多，如用幻灯片放映、Web 页浏览等，但无论采用哪种形式存放照片，都应该先整理和编辑好要使用的照片图像，然后再合并照片图像。本任务的操作步骤如下：①先使用批处理命令将 12 张照片用 JPEG 文件格式保存到"目标文件"文件夹中②对其中的一些照片进行编辑：使用图层蒙版的方式将 3 张照片合并到同一背景中，使用图层的混合模式将两张照片融入另一个背景中，使用滤镜库中的艺术类和纹理类滤镜将照片制作成艺术画效果，结合"反相""最小值"滤镜和图层混合模式等制作技巧将照片编辑为素描画的艺术效果；③用"PDF 演示文稿"命令实现将照片合并到一个 PDF 放映幻灯片演示文稿文件中，完成电子相册的制作。

方法与步骤

（1）文件管理。打开操作系统中的"资源管理器"，在"我的文档"中建立一个新文件夹，改名为"源文件"。将任务一和任务二中制作完成的照片文件全部复制进去。如图 4-3-2 所示，在"资源管理器"窗口中共有 12 个照片文件。

在"我的文档"中再建立两个新文件夹，取名为"目标文件"和"相册"。

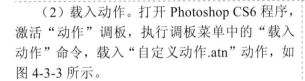

图 4-3-2 "资源管理器"窗口

（2）载入动作。打开 Photoshop CS6 程序，激活"动作"调板，执行调板菜单中的"载入动作"命令，载入"自定义动作.atn"动作，如图 4-3-3 所示。

图 4-3-3 载入动作后的"动作"调板

（3）设置批处理选项

执行"文件"｜"自动"｜"批处理"命令，弹出"批处理"对话框。设置播放组为"自定义动作"，动作为"统一文件格式"。

设置源为"文件夹"，单击"选择"按钮，选择步骤一中建立的"源文件"文件夹，并选择 4 个复选框。

设置目标为"文件夹"，单击"选择"按钮，选择步骤一中建立的"目标文件"文件夹，选择"覆盖动作中的'存储为'命令"复选框。

"批处理"对话框中的选项设置如图 4-3-4 所示。

图 4-3-4 "批处理"对话框上半部分

（4）设置文件命名方式。在"文件命名中"选项组中选择第一项为"照片"，第二项选择"2位数序号"，第三项选择"扩展名(小写)"，其他都使用默认值，如图 4-3-5 所示。

图 4-3-5　"批处理"对话框下半部分

（5）执行批处理工作。单击"确定"按钮后，看到系统开始自动执行批处理工作。当批处理暂停时，修改"自由变换"状态下的图像大小和位置，然后按【Enter】键确定，系统又会自动向下继续执行，直到下一次暂停。图 4-3-6 所示为系统第一次暂停时的情况，这时修改图像的大小和位置，满意后可以按【Enter】键确定。

图 4-3-6　第一次暂停

（6）目标文件夹。完成批处理工作后，在"资源管理器"中可以看到"目标文件"文件夹的情况，如图 4-3-7 所示，其中有 12 个 JPEG 格式的文件。

上述批处理工作还可以用"图像处理器"来完成。

图 4-3-7　"目标文件"文件夹

（7）建立选区。打开文件 sc4-3-1.jpg，用椭圆选框工具在窗口中建立一个正圆选区，并将选区放置到第一个白色圆圈的位置上，如图 4-3-8 所示。

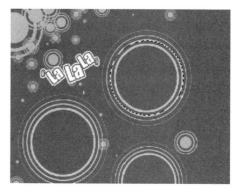

图 4-3-8　截取素材

（8）贴入图像。打开"目标文件"文件夹中的"照片 05.JPG"文件，接着依次按【Ctrl+A】组合键全选、【Ctrl+C】组合键复制、【Ctrl+W】组合键关闭、【Shift+Ctrl+V】组合键贴入、【Ctrl+T】组合键自由变换。

改变图像的大小和位置，如图 4-3-9 所示。

图 4-3-9 贴入图像

（9）加入文字。重复步骤（7）和（8），将"目标文件"文件夹中的"照片 11.jpg"和"照片 02.jpg"两个文件也贴入圆圈中。建立"快乐童年"文字图层，加上"投影"图层样式，完成后如图 4-3-10 所示。

用 JPEG 格式将文件保存到"相册"文件夹中，文件名为"相册 01.jpg"。

图 4-3-10 加入文字

（10）图层柔光模式。打开文件 sc4-3-2.jpg，复制"目标文件"文件夹中的"照片 04.jpg"图像。

按【Ctrl+T】组合键自由变换到适当的大小和位置。

改变图层的混合模式为"柔光"，按【Ctrl+J】组合键复制此图层的一个副本。

效果如图 4-3-11 所示。

图 4-3-11 柔光效果

（11）线性加深。复制"目标文件"文件夹中的"照片 07.jpg"图像。

按【Ctrl+T】组合键自由变换到适当的大小和位置。

改变图层的混合模式为"线性加深"，添加文字图层"我是小明星"，加上"投影"图层样式。

效果如图 4-3-12 所示。

图 4-3-12 完成效果图

（12）滤镜库。用 JPEG 格式将文件保存到"相册"文件夹中，文件名为"相册 02.jpg"。

打开"目标文件"文件夹中的"照片 12.jpg"图像。执行"文件"｜"存储为"命令将文件存储到"相册"文件夹中，文件名为"相册 03.jpg"。

打开"目标文件"文件夹中的"照片 08.jpg"文件，按【Ctrl+J】组合键复制背景图层。执行"滤镜"｜"滤镜库"命令，打开"滤镜库"窗口，在"滤镜缩览图"右边选择"艺术效果"｜"干画笔"效果，如图 4-3-13 所示。

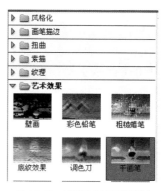

图 4-3-13　滤镜库中滤镜缩览图

（13）干画笔滤镜。在右边的属性设置窗口中设置：画笔大小为 1，画笔细节为 6，纹理为 1，如图 4-3-14 所示。

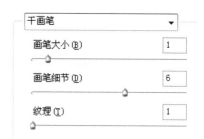

图 4-3-14　干画笔滤镜属性

（14）纹理化滤镜。在"滤镜库"窗口的右边底部单击"新建效果图层"按钮，新建一个效果图层，选择"滤镜缩览图"右边的"纹理"｜"纹理化"效果。设置"纹理化"的属性：纹理为画布，缩放为 100%，凸现为 4，光照为左上，取消选中"反相"复选框，如图 4-3-15 所示。

图 4-3-15　纹理化属性

（15）正片叠底。确定后退出"滤镜库"窗口。将"图层 1"的混合模式设为"正片叠底"。完成后效果如图 4-3-16 所示。

用 JPEG 格式将文件保存到"相册"文件夹中，文件名为"相册 04.jpg"。

图 4-3-16　效果图

（16）颜色减淡。打开"目标文件"文件夹中的"照片09.jpg"文件，按【Ctrl+J】组合键复制背景图层，按【Ctrl+I】组合键反相图层像素。

执行"滤镜"｜"其他"｜"最小值"命令，在弹出的对话框中设置半径为 3 像素。

设置图层的混合模式为"颜色减淡"，"图层"调板如图 4-3-17 所示。

图 4-3-17　"图层"调板

（17）混合颜色带。执行"图层"｜"图层样式"｜"混合选项"命令，在弹出的对话框中按住【Alt】键的同时单击"混合颜色带"中的"下一图层"，调节中间的滑标至 128，如图 4-3-18 所示。

用 JPEG 格式将文件保存到"相册"文件夹中，文件名为"相册 05.jpg"。

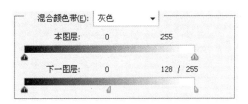

图 4-3-18　混合颜色带

（18）创建 PDF 演示文稿。将"目标文件"文件夹中"照片 01.jpg""照片 03.jpg""照片 06.jpg"和"照片 10.jpg"4 个文件复制到"相册"文件夹，分别将它们改名为"相册 06.jpg""相册 07.jpg""相册 08.jpg"和"相册 09.jpg"。

执行"文件"｜"自动"｜"PDF 演示文稿"命令，弹出"PDF 演示文稿"对话框。单击"浏览"按钮，打开"相册"文件夹中的所有文件。在"输出选项"选项组中选择"演示文稿"单选按钮，过渡使用"随机过渡"，如图 4-3-19 所示。

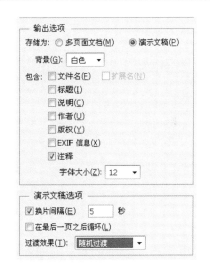

图 4-3-19　"PDF 演示文稿"对话框

（19）保存 PDF 文件。单击"存储"按钮，将其保存在"相册"文件夹，文件名为"快乐童年"。确定后弹出"存储 Adobe PDF"对话框，不改变任何设置，直接单击底部的"存储 PDF"按钮。

如果需要在打开文件时输入安全口令，可以设置"安全性"中的"文档打开口令"选项组中的选项，如图 4-3-20 所示。

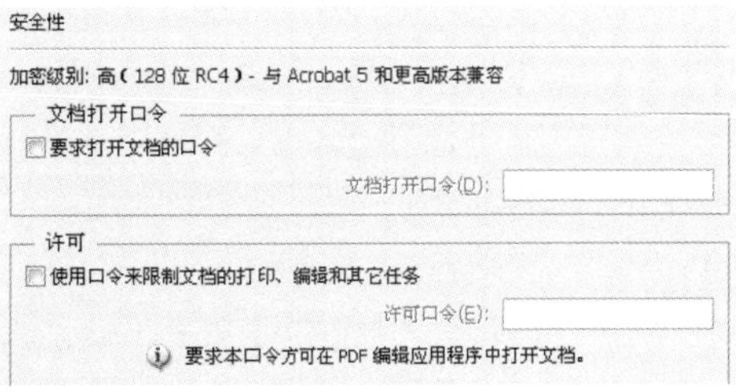

图 4-3-20　安全性的口令与许可设置

（20）浏览 PDF 文件。电子相册已经全部完成，接着就可以用 Adobe Reader 软件进行浏览。Adobe Reader 的安装程序可以进入 Adobe 官方网站（www.adobe.com）免费下载。

相关知识与技能

1. 批处理命令

"批处理"命令可以对一个文件夹中的每一个文件执行一个相同的动作。执行"文件"|"自动"|"批处理"命令，弹出"批处理"对话框，如图 4-3-21 所示。

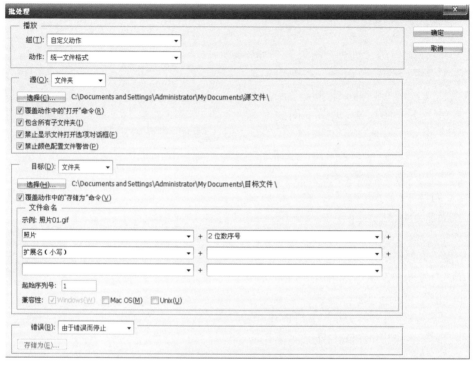

图 4-3-21 "批处理"对话框

"批处理"对话框从上至下有 4 个选项组："播放""源""目标"和"错误"选项组。

1）"播放"选项组

在"组"和"动作"下拉式列表中，可以指定用来处理文件的动作。菜单中的动作选项显示"动作"调板中可用的动作。如果未显示所需的动作，在调板中载入组创建一个组和动作。

图 4-3-22 "组"下拉列表

图 4-3-22 中是一个打开的"组"下拉列表，其中有 3 个动作组可以挑选，这 3 个组一定是"动作"调板中已经有的动作。

2）"源"选项组

在"源"选项组中设置要处理的对象，在下拉列表中有 4 个选项。

- 文件夹：处理指定文件夹中的文件。单击"选择"按钮可以查找并选择文件夹。
- 导入：处理来自数码照相机、扫描仪或 PDF 文档的图像。

- 打开的文件：处理所有已经打开的文件。
- Bridge：处理 Adobe Bridge 中选定的文件。

图 4-3-23 所示的下拉列表只有两个选项可用。

如果选择"文件夹"为源，将有 4 个复选框出现。

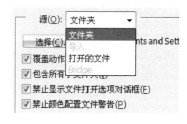

图 4-3-23　"源"下拉式菜单

- 覆盖动作中的"打开"命令：如果动作中包含一个"打开"命令，此选项会将"打开"命令覆盖到文件夹中的每个文件中。
- 包含所有子文件夹：处理指定文件夹的子目录中的文件。要批处理多个文件夹，先在一个文件夹中创建要处理的其他文件夹，然后选中该选项。
- 禁止颜色配置文件警告：关闭颜色方案提示信息的显示。
- 禁止显示文件打开选项对话框：不显示"文件打开选项"对话框。

3）"目标"选项组

在"目标"选项组中设置批处理后的保存方法。如图 4-3-24 所示，"目标"下拉列表中有 3 个选项：无、存储并关闭和文件夹。

图 4-3-24　"目标"下拉列表

- 无：使文件保持打开状态而不存储更改（除非动作包括"存储"命令）。
- 存储并关闭：将文件存储在它们的当前位置，并覆盖原来的文件。
- 文件夹：将处理过的文件存储到另一位置。这是一个不改变原始文件的有

效方法。单击"选择"按钮可指定目标文件夹，继续设置文件命名方式。

"覆盖动作中的'存储为'命令"复选框作用是当动作中包含"存储为"命令时，则用这里的文件夹和文件名覆盖该命令的设置。

在文件命名方式中可以用下拉式菜单中的某个选项，或输入文本。但每个文件必须至少有一个唯一的字段，并保证最后一项为扩展名。

文件名兼容性指的是使文件名与 Windows、Mac OS 和 UNIX 操作系统兼容。

4）"错误"选项组

在"错误"选项组中可以选择用于错误处理的选项，如图 4-3-25 所示。

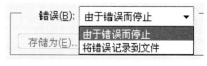

图 4-3-25　"错误"下拉列表

- 由于错误而停止：挂起进程，直到用户确认了错误信息为止。
- 将错误记录到文件：将每个错误记录在文件中而不停止进程。选择此选项时将出现"存储为"按钮。

2. 创建 PDF 演示文稿

"PDF 演示文稿"命令可以将多种图像集中存放在同一个"可移植文档格式(PDF)"文件之中，这样就更加有利于图像的传播、交流和共享，比如电子书籍、电子相册等。"可移植文档格式（PDF）"的文件可以用 Adobe Reader 软件进行浏览。

用"PDF 演示文稿"命令创建多页面文档或放映幻灯片演示文稿的方法是执行"文件"|"自动"|"PDF 演示文稿"命令，在弹出的"PDF 演示文稿"对话框中进行设置，如图 4-3-26 所示。

在"源文件"选项组中可以设置要加入的图像文件，同时还可以对已经加入的文件进行复制、删除及改变顺序的操作。

在"输出选项"选项组中有两种不同的存储方式。

（1）"多页面文档"创建一个其图像在不同页面上的 PDF 文档。

（2）"演示文稿"创建一个 PDF 放映幻灯片演示文稿。

如果选择一个"演示文稿"，那么在"演示文稿选项"选项组中还能设置换片间隔时间，是否循环放映及换片的过渡方式。

完成这些设置后单击"存储"按钮，设置存储文件的位置和文件名。最后还可设置文件的兼容性、安全性以及压缩与输出方式。

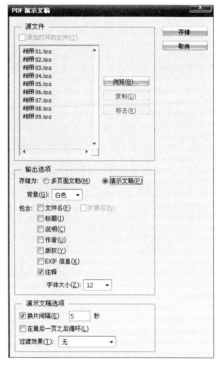

图 4-3-26　"PDF 演示文稿"对话框

拓展与提高

在本任务的开始，通过执行调板菜单中的"载入动作"命令，载入了"自定义动作.ATN"动作。那么这个自定义动作是如何录制的呢？下面就通过练习来学习动作的记录方法。

（1）打开"动作"调板，单击下方的"创建新组"按钮，命名为"自定义动作"。再单击旁边的"创建新动作"按钮，弹出"新建动作"对话框，如图 4-3-27 所示，输入名称"文件格式"，单击"记录"按钮。

图 4-3-27　"新建动作"对话框

（2）此时"动作"调板下方的"记录"按钮为选中状态，表示正在记录动作。执行"文件"|"新建"命令，设置宽度为 800 像素；高度为 600 像素；分辨率为 72 像素/英寸。确定后"动作"调板上已记录了这个"新建文件"的操作动作，如图 4-3-28 所示。

图 4-3-28　"动作"调板中新增了一个"建立"动作

（3）执行"文件"｜"打开"命令，打开任意一个图像文件。"动作"调板上又记录了这个"打开"操作动作，如图 4-3-29 所示。

（4）继续录制，执行"图层"｜"拼合图像"命令。顺序按【Ctrl+A】组合键、【Ctrl+C】组合键、【Ctrl+W】组合键，当弹出提示信息时选择"否"，不要保存文件。再按【Ctrl+V】组合键、【Ctrl+T】组合键，对自由变换图像"水平翻转"操作，按【Enter】键确定。

图 4-3-29 "动作"调板中又新增了一个"打开"动作

（5）单击"停止记录"按钮，后面的所有操作都不会被记录在"动作"调板中。

（6）单击"动作"调板上最后一个"变换当前图层"动作左边的小方块"切换对话开/关"按钮，如图 4-3-30 所示。

（7）单击"开始记录"按钮，此按钮变成红色，操作过程又开始被录制。

（8）执行"文件"｜"存储为"命令，在弹出的对话框中只改变文件格式为"JPEG"格式，其他不变。在"JPEG 选项"对话框中直接单击"确定"按钮。关闭图像文件窗口，不保存。单击"动作"调板下方的"停止记录"按钮，完成整个动作的录制。

图 4-3-30 "切换对话开/关"按钮已选中

（9）选择"自定义动作"动作组，如图 4-3-31 所示，打开调板菜单，执行"存储动作"命令保存这个动作组，命名为"自定义动作.ATN"。

图 4-3-31 选择"自定义动作"动作组

思考与练习

（1）使用滤镜库中的艺术类滤镜将图像文件 sc4-3-3.jpg 制作成如图 4-3-32 所示的艺术形式图像。

提示

使用滤镜库中的"干画笔""喷溅"及"纹理化"滤镜。

图 4-3-32 完成后的效果图

（2）录制一个名为"调整图像"的动作，存放到"动作练习.atn"文件中。

> **提示**
>
> 　　录制动作时先使用裁剪工具裁剪文件的大小，再使用"自动对比度""自动色阶"
> 和"自动颜色"命令来调整图像，最后另存为"JPEG"格式文件。
> 　　该动作能调整文件的大小（800像素×600像素）、对比度、色阶和颜色。其中要有"打
> 开"和"存储为"这两个动作。

　　（3）使用批处理命令结合上题所保存的"动作练习.atn"，将"sc4-3-4.jpg"至"sc4-3-7.jpg"
这4个图像文件统一调整为"练习1.jpg"至"练习4.jpg"文件。

> **提示**
>
> 　　建立两个文件夹，将4个素材文件放入其中的一个文件夹中。

▶ 项目实训　银装素裹——制作自然风景电子相册

项目描述

　　某个旅行社为拓展在北部地区的旅游业务，在北部地区实地拍摄了一些雪景照片，准备将这些照片制作成电子相册的形式放入旅行社的宣传资料光盘中。现已经精心挑选出8张很有代表性的照片，请使用以前学到的图像处理技术对这些照片进行加工修饰，并制作成名为"银装素裹.pdf"的电子相册文件。其中的一张照片制作完成后的效果如图4-4-1所示。

图4-4-1　效果图

项目要求

　　在完成本项目的过程中，不要急于动手操作，而是应该将每一张照片观察、分析一遍。看看这张照片存在哪些问题，比如构图有没有需要改进的地方，颜色是否需要调整，是否存在偏色，亮度与对比度是否正确，要不要去除一些与主题不和谐的画面等。对于一些具有共性的问题，还可以用到批处理命令。如果这些问题都解决了，再进一步思考如何对这些照片进行修饰和艺术加工，让照片的颜色更加绚丽、结构更加合理、主题更加鲜明，从而吸引人们的目光，让人们看过作品后就想要亲身投入到大自然的怀抱。在技术上可以运用图像修复工具、颜色调整命令、图层样式和丰富的滤镜效果。最后再使用"PDF演示文稿"命令来制作电子相册。

项目提示

　　（1）观察照片，列出每张照片存在的问题，需要修复的地方以及用什么方法进行修改。
　　（2）从以下几个方面思考问题：

① 图像的大小、分辨率是不是太大或太小？用做电子相册的图像一般在 800 像素×600 像素左右。

② 构图是否合理？可以用裁剪工具进行重新构图。

③ 照片明暗对比度是否太亮或太暗？可以用色阶或亮度命令进行调整。

④ 照片是否有偏色情况，可以用吸管工具观察白色部分，然后用色彩平衡命令进行调整。

⑤ 照片的清晰度如何，是否焦距有偏差使主题模糊不清？可以用锐化类的滤镜结合图层蒙版进行修复。

（3）使用滤镜与调整图层和图层的混合模式对照片进行修饰、美化以及艺术加工处理。

（4）制作一些背景、文字、边框等辅助元素，提升照片的观赏性。

（5）用动作及批处理命令对照片进行统一格式化。

（6）使用"PDF 演示文稿"命令来建立电子相册文件。

（7）使用 Adobe Reader 软件浏览电子相册，再看看有没有需要改进的地方。

项目评价

<table>
<tr><td colspan="6" align="center">项目实训评价表</td></tr>
<tr><td rowspan="2">能力</td><td colspan="2" align="center">内　容</td><td colspan="3" align="center">评　价</td></tr>
<tr><td align="center">能 力 目 标</td><td align="center">评 价 项 目</td><td align="center">3</td><td align="center">2</td><td align="center">1</td></tr>
<tr><td rowspan="21">职业能力</td><td rowspan="4">能使用修复工具</td><td>能使用污点修复画笔工具</td><td></td><td></td><td></td></tr>
<tr><td>能使用修复画笔工具</td><td></td><td></td><td></td></tr>
<tr><td>能使用修补工具</td><td></td><td></td><td></td></tr>
<tr><td>能使用红眼工具</td><td></td><td></td><td></td></tr>
<tr><td rowspan="4">能使用修饰工具</td><td>能使用仿制图章工具</td><td></td><td></td><td></td></tr>
<tr><td>能使用锐化模糊工具</td><td></td><td></td><td></td></tr>
<tr><td>能使用减淡加深工具</td><td></td><td></td><td></td></tr>
<tr><td>能使用海绵工具</td><td></td><td></td><td></td></tr>
<tr><td rowspan="3">能使用滤镜</td><td>能使用模糊滤镜</td><td></td><td></td><td></td></tr>
<tr><td>能使用锐化滤镜</td><td></td><td></td><td></td></tr>
<tr><td>能使用滤镜库</td><td></td><td></td><td></td></tr>
<tr><td rowspan="3">能进行图像调整</td><td>能使用色阶命令</td><td></td><td></td><td></td></tr>
<tr><td>能使用饱和度命令</td><td></td><td></td><td></td></tr>
<tr><td>能使用色彩平衡命令</td><td></td><td></td><td></td></tr>
<tr><td rowspan="2">能使用"动作"调板</td><td>能使用动作按钮</td><td></td><td></td><td></td></tr>
<tr><td>能录制动作</td><td></td><td></td><td></td></tr>
<tr><td rowspan="2">能使用自动命令</td><td>能使用批处理命令</td><td></td><td></td><td></td></tr>
<tr><td>能创建 PDF 演示文稿</td><td></td><td></td><td></td></tr>
<tr><td colspan="5"></td></tr>
<tr><td colspan="5"></td></tr>
<tr><td colspan="5"></td></tr>
<tr><td rowspan="6">通用能力</td><td colspan="2">能清楚、简明地发表自己的意见与建议</td><td></td><td></td><td></td></tr>
<tr><td colspan="2">能服从分工，主动与他人共同完成学习任务</td><td></td><td></td><td></td></tr>
<tr><td colspan="2">能关心他人，并善于与他人沟通</td><td></td><td></td><td></td></tr>
<tr><td colspan="2">能协调好组内的工作，在某方面起到带头作用</td><td></td><td></td><td></td></tr>
<tr><td colspan="2">积极参与任务，并对任务的完成有一定贡献</td><td></td><td></td><td></td></tr>
<tr><td colspan="2">对任务中的问题有独特的见解，起来良好效果</td><td></td><td></td><td></td></tr>
<tr><td colspan="3" align="center">综 合 评 价</td><td></td><td></td><td></td></tr>
</table>

单元五

锦绣花苑——制作项目推广 VI

  VI 设计是企业树立品牌必须做的基础工作，它使企业的形象高度统一，使企业的视觉传播资源充分利用，达到最理想的品牌传播效果，其实现的途径依靠视觉识别系统的科学设计和有力实施。VI 包括基本设计系统和应用设计系统两大类，其中基本设计系统中包括企业名称、企业标志、标准字体、标准色彩、吉祥物等。应用设计系统中包括办公用品类、广告宣传类、环境类、运输工具及设备类、公关礼品类、服装类、指示标示类、产品包装类、旗帜类等。

  本单元的企业 VI 设计将由"制作企业形象标志""制作企业信封""制作企业吊旗""制作手提袋"和"制作产品宣传画册"5 个任务构成，在任务实现过程中，将学习 Photoshop CS6 中有关路径、立体制作、滤镜等知识。

能力目标

- 能使用钢笔工具设计并绘制标志
- 能使用形状工具绘制信封、吊旗
- 能使用图像变换的方法制作手提袋
- 能使用标尺、参考线、网格辅助制图
- 能运用滤镜效果制作产品宣传画册
- 了解 VI 设计的特点及制作要求

任务一 制作企业形象标志

任务描述

在 VI 整体设计中，企业标志是视觉设计的核心，是企业、品牌的象征。它通过造型简单、意义明确、统一标准的视觉符号构成企业形象的基本特征，从而体现企业的内在素质。它不仅是调动所有视觉要素的主导力量，也是整合所有视觉要素的中心，更是社会大众认同企业品牌的代表。在企业形象设计中，标志设计与制作是很关键的一步，所以我们通过设计制作标志开始整体 VI 设计。本任务通过制作企业标志来学习 Photoshop CS6 中有关钢笔工具绘制路径的方法及对路径修改的方法。"锦绣花苑"标志设计完成效果如图 5-1-1 所示。

图 5-1-1 "锦绣花苑"标志

任务分析

企业标志设计在整个视觉识别系统设计中具有重要意义。本任务将使用钢笔工具为"锦绣花苑"这一楼盘设计标志。任务实现步骤如下：①新建一个 12 厘米×12 厘米的图像文件，填充一种背景颜色；②使用钢笔工具绘制图形，并调整它的形状、大小和位置；③通过"路径"调板将路径转换成选区并填充颜色；④复制图层并调整各图层上图像的位置，输入设计好的标准字体，使之和图形形成一个整体；⑤最后合并图层并保存文件。

方法与步骤

1. 绘制标志图形的一个花瓣

（1）执行"文件"｜"新建"命令，弹出"新建"对话框，输入文件名称"标志"；设置宽度为 12 厘米；高度为 12 厘米；分辨率为 200 像素/英寸；颜色模式为 RGB 颜色；背景为白色。在工具箱中选择钢笔工具，也可按【P】键，再在选项栏里单击"路径"按钮，如图 5-1-2 和图 5-1-3 所示。

图 5-1-2 工具箱中的钢笔工具

图 5-1-3 工具栏中的选择路径按钮

（2）在工作区使用钢笔工具勾画路径。在勾绘时，单击并按住鼠标进行拖动，绘制曲线路径，使其起点和终点相遇，当鼠标的光标变成小的圆圈时单击，所画的路径成为闭合路径，如图 5-1-4 所示。

图 5-1-4　勾画路径

（3）在工具箱中选择直接选择工具，也可按【A】键。单击所要修改的路径，显示出锚点，可选择要操作的路径和路径上的锚点，如图 5-1-5 所示。

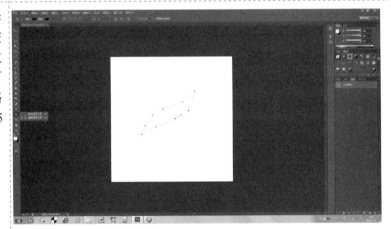

图 5-1-5　选择直接选择工具

（4）通过添加或删除定位锚点，以及改变锚点位置和锚点的性质（角点或曲线点），调节曲线点的控制手柄，最终路径的形状如图 5-1-6 所示。

图 5-1-6　调整后的结果

（5）打开"路径"调板，单击"将路径作为选区载入"按钮，观察工作界面原有的路径，如图 5-1-7 所示。

转换后的选区效果如图 5-1-8 所示。

图 5-1-7　单击"将路径作为选区载入"按钮

图 5-1-8　转换后的效果

（6）回到"图层"调板，单击"创建新图层"按钮，新建"图层 1"。在"图层 1"中为选区进行颜色填充，颜色为橙色 RGB（242，123，12）。填充后的效果如图 5-1-9 所示。

图 5-1-9　填充效果

2．建立所有花瓣

（1）执行"编辑"｜"自由变换"命令（或按【Ctrl+T】组合键），拖动图像 4 个角上控制点的角手柄（空心的小方块），将图像缩放至适当大小，效果如图 5-1-10 所示。

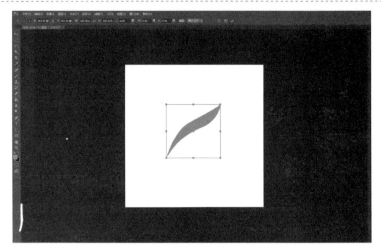

图 5-1-10　调整图像大小

（2）选择"图层 1"，执行"图层"｜"复制出图层"命令，分别复制 4 个图层，如图 5-1-11 所示。

图 5-1-11　复制图层

（3）执行"编辑"｜"自由变换"命令（或按【Ctrl+T】组合键），先对"图层 1 副本"的图像进行旋转和移动，结果如图 5-1-12 所示。

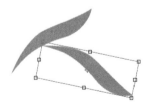

图 5-1-12　调整"图层 1 副本"图像的方向和位置

（4）再逐一对"图层 1 副本 2""图层 1 副本 3""图层 1 副本 4"中的图像进行相同方法的旋转和移动。调整后的效果如图5-1-13所示。

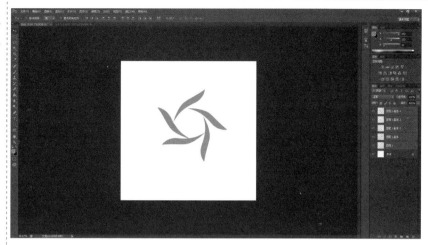

图 5-1-13　各图层逐一调整后的结果

3．绘制花心

（1）在"图层"调板中添加新的图层，命名为"图层 2"，并注意把"图层 2"放在所有图层的最顶层。选择椭圆选框工具，同时按住【Shift】键，在新建的"图层 2"中建立大小适当的正圆形选区。

（2）设置前景色为天蓝色 RGB（4，101，232），对圆形选区进行颜色填充。取消选区后的效果如图 5-1-14 所示。

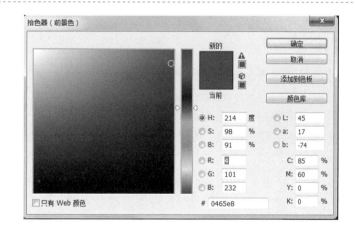

图 5-1-14　完成效果

4．输入文字

（1）在工具箱中选择横排文字工具，并在其工具栏中设置字体为"华文隶书"，设置字体大小为 36 点，字体颜色为黑色，其他为默认。在工作区域输入"锦绣花苑"4 个字。

（2）重新设置字体的颜色为灰色 RGB（155，141，141），其他设置同上。输入"锦绣花苑"的拼音字母。

（3）使用移动工具分别对两次输入的文字进行移动，调整它们的位置，最终结果如图 5-1-15 所示。

图 5-1-15　输入文字并调整后的结果

5．保存作品

保存文件为"标志.psd"，再使用"文件" | "存储为"命令将文件另存为"标志.jpg"的格式。

相关知识与技能

1．关于路径

路径可以说是创建选择区域最灵活、最精确的方法之一，通过路径的功能，可勾画一些在选择区域中无法实现的轮廓效果。

用工具箱中的钢笔工具创建的对象称为路径。路径由一个或多个直线段或曲线段组成。每一段都有多个锚点标记，通过编辑路径的锚点，可以很方便地改变路径的形状。钢笔工具与矢量软件的绘图工具类似，可以绘制贝塞尔曲线，创建复杂的对象，这些曲线悬浮在图像层像素的上面，所以它们易于修整、重新选择和移动。路径可以是曲线段、直线段，也可以是一个点；可以是封闭的，也可以是开放的。路径完全不同于选择工具创建的选择区域，它可以单独保存成一个格式文件并输出到其他程序中。总之，路径在软件中非常实用，是其他任何工具都无法替代的。

2．矢量图和位图

矢量图使用直线和曲线来描述图形，这些图形是由一些点、线、矩形、多边形、圆和弧线等构成的，它们通过数学公式计算获得。矢量图并不是由一个个的点显示出来的，而是通过文件记录线及同颜色区域的信息，再由能够读出矢量图的软件把信息还原成图像。由于矢量图可以通过公式计算得出，所以矢量图文件体积一般比较小。矢量图有一个最大的特点是，图形无论放大还是缩小，图的形状都不会失真，不会产生"马赛克"。

位图也称点阵图像或绘制图像，是由称为像素（图片元素）的单个点组成的。这些点可以进行不同的排列和染色以构成图样。当放大位图时，可以看见构成整个图像的无数个方块。扩大位图尺寸的效果是增多单个像素，从而使线条和形状显得参差不齐。然而，如果从稍远的位置观看它，位图图像的颜色和形状又显得是连续的。

3．钢笔工具的使用

使用钢笔工具可绘制直线路径和曲线路径以及开放路径和闭合路径。

1）绘制直线路径

将钢笔的指针定位在图像中单击，定义一个锚点作为起点，释放鼠标并移动一段距离后再进行单击或连续进行同类操作直到终点。要结束这条路径的绘制时，可按住【Ctrl】键在路径外单击或在工具箱上单击钢笔工具，如图 5-1-16 所示。

2）绘制曲线路径

将钢笔的指针定位在图像中，按住鼠标按钮（不要释放鼠标）会出现第一个锚点，拖动鼠标，发现锚点两端的方向线，同时指针变为箭头形状。释放鼠标后移动鼠标一段距离后单击并拖动，出现第二个锚点。可重复操作为其他的段设置锚点。这样可绘制一条曲线路径，如图 5-1-17 所示。

图 5-1-16　直线路径　　　　　　　　　　　图 5-1-17　曲线路径

3）闭合路径

无论是直线路径还是曲线路径，将其终点的钢笔指针定位在第一个锚点上，当发现笔尖旁出现一个小圆圈时单击可闭合路径，如图 5-1-18 所示。

图 5-1-18　闭合路径

拓展与提高

1. 编辑路径工具

路径绘制完后，发现路径的形状与所需有所差异时，可对其进行修改，修改路径需要了解工具箱中的下列编辑路径工具，如图 5-1-19 和图 5-1-20 所示。

图 5-1-19　编辑路径工具 1

图 5-1-20　编辑路径工具 2

- 路径选择工具：可选择整个路径，拖动可移动路径。
- 直接选择工具：用以选取路径上的锚点，选取锚点后，可通过调整锚点或锚点上的方向线来修改路径，也可直接用该工具拖动路径曲线对路径进行适当的调整。
- 添加锚点工具：用以在路径上增加锚点。
- 删除锚点工具：用以在路径上减少锚点。
- 转换点工具：用以改变锚点的性质，可将平滑点转换成有方向线的角点或将角点转换为平滑点。通过对点的形式的转换帮助用户调整路径。

2．路径修改

修改图 5-1-21 中的路径，使之成为如图 5-1-22 所示的路径形状。

图 5-1-21　需修改的路径　　　　　　　　　　图 5-1-22　修改后的路径

操作步骤如下：

（1）修改路径前，选择直接选择工具，单击所要修改的路径，这时发现路径上的锚点呈空心小方块形状显现，表明路径被选中，如图 5-1-23 所示。

（2）单击锚点显示一条或两条方向线，方向线以方向点结束，如图 5-1-24 所示。这表明锚点的性质为平滑点。方向线和方向点的位置决定曲线段的大小和形状，移动这些图素或锚点可改变路径中曲线的形状。

（3）如果选中的锚点没有显示方向线和方向点，表明锚点的性质为角点，移动锚点可改变路径的形状。使用转换点工具将角点转换成平滑点。使用删除锚点工具删除多余的锚点，再对锚点及方向线或曲线段进行移动和调整，使之成为所需要的路径形状，如图 5-1-25 所示。

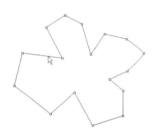

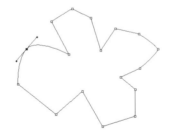

图 5-1-23　选中路径　　　　　图 5-1-24　选中锚点　　　　　图 5-1-25　修改完成的路径

思考与练习

（1）请使用钢笔工具勾画出 sc5-1-1.jpg 图像中动物的外部轮廓，如图 5-1-26 所示。

提　示

　　使用钢笔工具及修改路径工具绘制动物的外轮廓，使用修改路径工具修改路径。

（2）使用钢笔工具选择 sc5-1-2.jpg 图像中的瓶子，效果如图 5-1-27 所示。

提　示

　　使用钢笔工具勾绘瓶子轮廓并使用修改路径工具进行修改后，结合"将路径转换成选区"命令来选择。

图 5-1-26 绘制动物轮廓效果图　　　　　图 5-1-27 选取瓶子的效果

任务二 制作企业信封

任务描述

　　信封是企业 VI 应用设计中办公用品类的一个品种，企业办公用品种类很多，如信封、信纸、名片、文件袋、笔等，其中很多的品种在设计和制作上大同小异，所以本任务选择制作信封来介绍如何设计企业办公用品。完成后的效果如图 5-2-1 所示，在任务实现过程中，通过制作信封来学习 Photoshop CS62 中使用几何形状工具绘制路径的方法以及路径填充、路径描边的基本操作。

图 5-2-1 企业信封

任务分析

　　企业信封在企业和客户的交往中也是对企业形象的推广，其作用不言而喻。正规的信封有规定的尺寸。常见的规格有小号 220 毫米×110 毫米，中号为 230 毫米×158 毫米，大号为 320 毫米×228 毫米。在制作信封时可选择一种尺寸先设计一个模板，再使用 Photoshop 制作其效果图。任务实现步骤如下：①新建一个 12 厘米×12 厘米大小的图像文件，填充一种背景颜色；②使用形状工具绘制工作路径并填充，使之成为信封的封体；③钢笔工具绘制工作路径并填充，使之成为信封的封盖；④在封体上使用形状工具绘制细节部分，如邮编号码框和贴邮票框，并进行描边；⑤添加图像和文字，最后合并图层，并保存文件。

方法与步骤

1. 绘制信封封体

（1）执行"文件"｜"新建"命令，弹出"新建"对话框，输入文件名称"信封"；设置宽度为 12 厘米；高度为 12 厘米；分辨率为 200 像素/英寸；颜色模式为 RGB 颜色；背景为黑色。在工具箱中选择矩形工具，也可按【U】键，再在选项栏中单击"路径"按钮，如图 5-2-2 和图 5-2-3 所示。

图 5-2-2　选择工具箱中的形状工具

图 5-2-3　在工具栏中单击"路径"按钮

（2）在工作区中使用矩形工具勾绘路径。拖动鼠标，直到合适的大小和位置，释放鼠标，会自动生成一个矩形路径，如图 5-2-4 所示。

图 5-2-4　勾绘路径

（3）把前景色设置为白色。在整个窗口的右下角，找到并打开"路径"调板，在"路径"调板的一行按钮图标中，单击"用前景色填充路径"按钮，如图 5-2-5 所示，为当前所绘的路径填充颜色。操作结果如图 5-2-6 所示。

图 5-2-5　填充路径

图 5-2-6　填充效果

2．绘制信封封盖

（1）选择钢笔工具，沿着信封体的一边勾绘出信封盖形状的路径，对通过的锚点、方向线、方向点进行调整，使路径的形状成为小的圆弧形，如图 5-2-7 所示。

图 5-2-7　调整路径

（2）重新设置前景色为橙色 RGB（250，124，13），如图 5-2-8 所示。

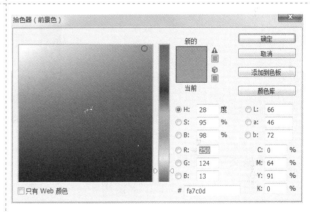

图 5-2-8　填充的颜色设置

（3）在"路径"调板中单击"用前景色填充路径"按钮，对路径进行填充，填充效果如图 5-2-9 所示。

图 5-2-9　填充路径效果

3. 绘制邮编号码框和贴邮票框

（1）选择矩形工具，在信封体右上方绘制大小合适的路径；在"路径"调板中单击"用前景色描边路径"按钮，对路径进行描边，结果如图 5-2-10 所示。

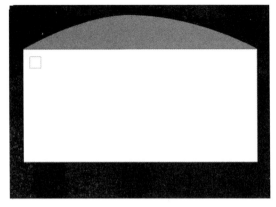

图 5-2-10　绘制矩形形状

（2）使用上一步骤相同的方法绘制剩下的邮编号框和贴邮票框，结果如图 5-2-11 所示。

图 5-2-11　绘制完成后的结果

4. 添加文字和图像

（1）打开文件"图 5-1-1"，使用矩形选框工具选中整个图像，按【Ctrl+C】组合键复制选区中的图像，如图 5-2-12 所示。按【Ctrl+Tab】组合键切换到上一个编辑的文件窗口。

图 5-2-12　选中图像

（2）按【Ctrl+V】组合键将选区内容粘贴到信封上，使用"变换"命令对图像进行缩小并将其移动到合适的位置，结果如图 5-2-13 所示。

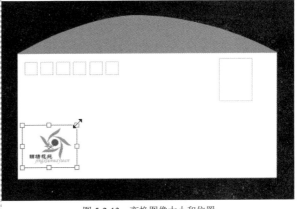

图 5-2-13　变换图像大小和位置

（3）设置字体的颜色为"黑色"，字体为"华文宋体"，字的点数为"8"。输入"锦绣花苑房地产公司"，移动字的位置至信封的右下角。最终效果如图 5-2-14 所示。

图 5-2-14　最终完成效果

5. 保存文件

执行"文件"｜"存储为"命令保存文件。

相关知识与技能

1. 使用几何形状工具

创建路径可使用钢笔工具，也可使用几何形状工具来创建。通过几何形状工具（见图 5-2-15）可创建规则的几何形路径。

矩形工具：可绘制矩形路径。绘制时结合【Shift】键可绘制正方形。

圆角矩形工具：可绘制带圆角的矩形路径，绘制时结合【Shift】键可绘制圆角正方形。可在选项栏中改变其圆角半径数值。

图 5-2-15　几何形状工具

椭圆工具：可绘制椭圆形和圆形的路径，绘制时结合【Shift】键可绘制正圆形。

多边形工具：可绘制多边形的路径，可在选项栏中改变其边数。

直线工具：可绘制直线路径，可在选项栏中改变其粗细。

2．填充路径

路径的填充是将包括当前路径的所有子路径以及不连续的路径线段构成的对象进行填充。可以在"路径"调板中单击"用前景色填充路径"按钮对路径直接进行填充。也可在"路径"调板的弹出菜单中选择"填充"命令。或在使用路径工具的状态下右击，在弹出的快捷菜单中选择"填充路径"命令。执行"填充路径"命令后的相关操作与对图层和选区填充的操作基本相似，这里不再赘述。详见单元三相关知识中的填充与描边部分。

执行"填充路径"命令后，弹出"填充路径"对话框，如图 5-2-16 所示。

图 5-2-16 "填充路径"对话框

3．描边路径

描边路径是将创建的路径用某一特定的工具对路径进行勾画。使用"描边路径"的方法与填充路径的方法相似。在设置好画笔选项后，可在"路径"调板中单击"用画笔描边路径"按钮对路径直接进行描边，也可在"路径"调板的弹出菜单中选择"描边路径"命令。或者在选择路径工具的状态下右击，在弹出的快捷菜单中选择"描边路径"命令。

执行"描边路径"命令后，将弹出"描边路径"对话框，如图 5-2-17 所示。在"工具"下拉列表中有 16 种不同的工具可供用户选择，如图 5-2-18 所示。若在工具箱中已经确定了铅笔工具，则在该列表中将自动设定铅笔工具为当前描绘路径工具。

图 5-2-17 "描边路径"对话框

图 5-2-18 不同的描边工具

下面通过一个实例来学习路径描边的一些基本操作。

（1）设置多边形工具选项。选择多边形工具，在选项栏中打开多边形选项框，选中"星形"复选框，并把多边形的边数改为 8，如图 5-2-19 所示。

图 5-2-19　设置多边形选项

（2）绘制路径。在新建的文件中绘制八边形的星形路径，如图 5-2-20 所示。

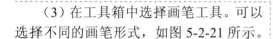

图 5-2-20　绘制路径

（3）在工具箱中选择画笔工具。可以选择不同的画笔形式，如图 5-2-21 所示。

图 5-2-21　选择笔刷

（4）设置笔刷的颜色。在工具箱中设置前景色为粉红色 RGB（209，29，53），在拾色器中的设置如图 5-2-22 所示。

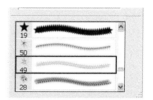

图 5-2-22　颜色设置

（5）描边路径。在"路径"调板中单击下方的"用画笔描边工具"按钮，直接对路径描边，描边效果如图 5-2-23 所示。

（6）取消对路径的选择。在"路径"调板中取消对路径的选择，在"路径"调板的空白处单击即可。

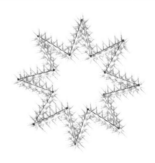

图 5-2-23　描边效果

拓展与提高

为了更方便地使用几何形状工具绘制路径，可对几何形状进行选项设置。选中几何形状工具后，在选项栏中单击几何选项下拉按钮就会出现相应的选项设置。

（1）如果选择矩形工具，在选项栏中单击几何选项下拉按钮，弹出矩形选项框，如图 5-2-24 所示。

（2）如果选择圆角矩形工具，在选项栏中单击几何选项下拉按钮，弹出圆角选项框，如图 5-2-25 所示。

（3）如果选择椭圆工具，在选项栏中单击几何选项下拉按钮，弹出椭圆选项框，如图 5-2-26 所示。

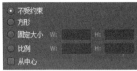
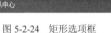

图 5-2-24　矩形选项框　　　　图 5-2-25　圆角矩形选项框　　　　图 5-2-26　椭圆选项框

选项设置框各功能说明如下：

不受限制：是默认形式，在创建时路径的大小、宽窄由用户来确定。

方形（圆）：选中它，可直接创建方形或圆形路径。

固定大小：可通过输入长度和高度数值来固定所绘路径的大小。

比例：可通过输入长度和高度数值来固定所绘路径的比例。

从中心：选中它，绘制路径是从中心向外绘制。

（4）如果选择多边形工具，在选项栏中单击几何选项下拉按钮，弹出多边形选项框，如图 5-2-27 所示。

在选项栏中设置多边形的边数为"5"，在多边形选项框中选中"星形"复选框，可创建如图 5-2-28 所示形状的路径；如果再同时选中"平滑拐角"复选框，可创建如图 5-2-29 所示形状的路径；如果同时选中"平滑缩进"复选框，可创建如图 5-2-30 所示形状的路径。如果把"缩进边依据"的值改为 75%，可创建如图 5-2-31 所示形状的路径。

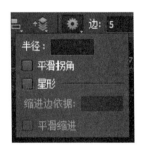

图 5-2-27　多边形选项框

图 5-2-28　五角星路径　图 5-2-29　平滑拐角的五角星路径　图 5-2-30　平滑缩进的五角星路径　图 5-2-31　缩进边的五角星路径

（5）选择直线工具，在选项栏中可设置直线的粗细，单击几何选项下拉按钮，弹出箭头设置选项，如图 5-2-32 所示，为直线添加箭头。

箭头设置框说明如下：

起点：选择"起点"复选框可在直线的起点添加箭头。

图 5-2-32　箭头设置框

终点：选择"终点"复选框可在直线的终点添加箭头。

宽度：设置箭头的宽度。

长度：设置箭头的长度。

凹度：设置箭头的凹凸度。

思考与练习

（1）使用路径描边的方法绘制图形，效果如图 5-2-33 所示。

提示

使用椭圆形状工具绘制圆形路径，设置画笔为"雪花"形，结合路径描边的方法绘制路径。

（2）为"锦绣花苑房地产公司"设计一张员工名片，效果如图 5-2-34 所示。

提示

使用形状工具绘制名片的形状，再添加"标志"图像和文字。

图 5-2-33　图形路径效果

图 5-2-34　名片效果

任务三　制作企业吊旗

任务描述

吊旗是企业 VI 应用设计中企业宣传的一个品种，它是一种非常有感召力的标识物，主要服务于具体的广告活动或企业展示活动中，可活跃气氛，增加视觉冲击力。使用吊旗可以将企业的标志、名称、标准色等基本要素进行充分的展示，从而获得宣传的效果。本任务通过制作吊旗来学习 Photoshop CS6 中有关形状工具和自定义形状工具的运用。图 5-3-1 所示为锦锈花苑房地产公司的吊旗设计。

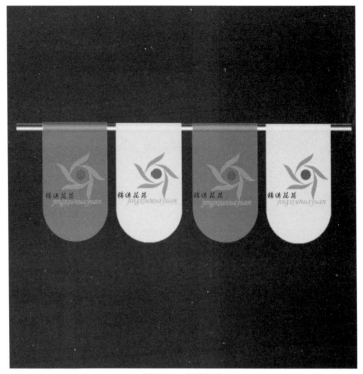

图 5-3-1　吊旗图像

任务分析

企业的吊旗设计要素主要包括企业的标志、企业的名称和专用色彩。在设计原则方面，要求设计简洁明了，效果强烈。本任务使用形状工具为锦绣花苑这一楼盘设计制作吊牌，任务实现步骤如下：①新建一个 12×12 厘米的图像文件；②使用形状工具绘制吊旗的形状，通过修改调整使之达到理想效果；③为其添加企业标志图像，并输入企业的名称，调整图像和文字到合适的位置；④合并图层并保存文件。

方法与步骤

1．绘制吊旗形状

（1）执行"文件"｜"新建"命令，弹出"新建"对话框，设置宽度为 12 厘米；高度为 12 厘米；分辨率为 200 像素/英寸；颜色模式为 RGB 颜色；背景内容为白色。

（2）选择矩形工具（也可按【U】键），如图 5-3-2 所示。

图 5-3-2　选择矩形工具

（3）在选项栏中单击"形状图层"按钮，如图 5-3-3 所示。

图 5-3-3　单击"形状图层"按钮

（4）在选项栏中单击填充色板，如图 5-3-4 所示，然后在拾色器中选取或设置颜色，设置颜色为紫色 RGB（195，60，178），如图 5-3-5 所示。

图 5-3-4　单击色板

图 5-3-5　设置颜色

（5）在文件中拖动鼠标绘制一个矩形形状。

（6）选择椭圆工具，按住【Shift】键的同时在"形状 1"图层上画一正圆，并调整到合适的位置，如图 5-3-6 所示。

图 5-3-6　添加圆形形状

（7）确认"图层"调板中的"形状 1"矢量图层为当前图层。

（8）执行"图层"｜"栅格化"｜"图层"命令，或右击当前图层，在弹出的快捷菜单中选择"栅格化图层"命令，如图 5-3-7 所示。

（9）更改"形状 1"图层的名称为"吊牌 1"。确认该图层为当前图层，执行"图层"｜"复制图层"命令，复制新的图层并把新图层的名称改为"吊牌 2"。

图 5-3-7　栅格化当前图层

2．添加图像

（1）打开图像文件 sc5-3-1.tif，使用魔术棒工具或执行"选择"｜"色彩范围"命令选择整个标志，如图 5-3-8 所示。按【Ctrl+C】组合键复制标志图像，切换到吊牌文件。按【Ctrl+V】组合键粘贴标志图像。现在"图层"调板中新增了"图层 1"图层，将其名称改为"标志"。

图 5-3-8　选择图像

（2）确认"标志"图层为当前图层后，执行"编辑"｜"自由变换"命令（或按【Ctrl+T】组合键），用鼠标拖动图像 4 个角上控制点的角手柄（空心的小方块），将标志图像缩放至适当大小并移动到合适位置，效果如图 5-3-9 所示。

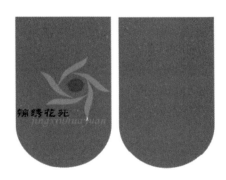

图 5-3-9　调整图像大小和位置

（3）确认"吊牌 2"图层为当前图层，执行"选择"｜"载入选区"命令，或按住【Ctrl】键的同时单击"吊牌 2"图层，效果如图 5-3-10 所示。

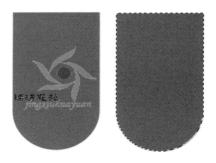

图 5-3-10　载入选区

（4）单击工具箱中的前景色，弹出"拾色器"对话框，在拾色器中选择颜色为黄色 RGB（252，245，30），如图 5-3-11 所示。

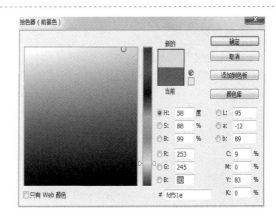

图 5-3-11　设置颜色

（5）执行"编辑"｜"填充"命令，弹出"填充"对话框，选择"前景色"，填充效果如图 5-3-12 所示。

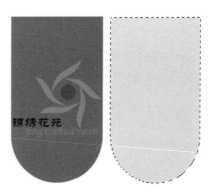

图 5-3-12　填充效果

（6）在"图层"调板中，确认"标志"图层为当前图层，执行"图层"|"复制图层"命令，复制新的图层并改名为"标志1"。执行"编辑"|"自由变换"命令，将标志图像缩放至适当大小并移动到合适位置。效果如图5-3-13所示。

图5-3-13 "标志1"图层效果

3．复制多面吊旗

（1）在"图层"调板中，单击"背景"图层前的"眼睛"图标，使其成为不可视图层。

（2）选中"吊牌1"图层，执行"图层"|"合并可见图层"命令，合并图层。合并后的图层为"吊牌1"。单击"背景"图层前的"眼睛"图标，使其成为可视图层。确认"吊牌1"图层为当前图层，执行"编辑"|"自由变换"命令，将标志图像缩放至适当大小，如图5-3-14所示。

图5-3-14 合并变换图层

（3）确认"吊牌1"图层为当前图层，执行"图层"|"复制图层"命令，复制新的图层并将其移动到合适的位置，如图5-3-15所示。

图5-3-15 复制图层

4．绘制旗杆

（1）选择矩形工具，在选项栏中单击"形状图层"按钮，再单击颜色色板，从拾色器中选取黑色。在文件中绘制长条矩形，如图 5-3-16 所示。此时"图层"调板中增加了一个新的形状图层，将这个图层的名称改为"杆"，并执行"图层"｜"栅格化"｜"图层"命令，使其转换为光栅图层。

图 5-3-16　长条矩形

（2）选中"杆"图层为当前图层，执行"选择"｜"载入选区"命令。选择渐变工具，并在"渐变编辑器"对话框中进行设置，如图 5-3-17 所示。在渐变工具选项栏中选择渐变的方式为"对称渐变"，为选区从上向下拉出渐变效果，如图 5-3-18 所示。

图 5-3-17　"渐变编辑器"对话框

图 5-3-18　渐变效果

（3）分别移动和调整"吊牌 1"图层和"杆"图层中的图像位置，使之看起来为一个整体，如图 5-3-19 所示。

图 5-3-19　调整后的效果

5．制作吊牌和杆接触的效果

（1）在"图层"调板中新建"图层 1"并确认其为当前图层，框选吊牌和杆相接触的部分，对其进行对称渐变填充，颜色的设置方法与旗杆的方法相同。效果如图 5-3-20 所示。

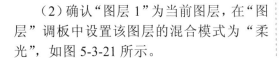

图 5-3-20　填充渐变效果

（2）确认"图层 1"为当前图层，在"图层"调板中设置该图层的混合模式为"柔光"，如图 5-3-21 所示。

图 5-3-21　设置图层的混合模式。

（3）在工具箱中设置前景色为黑色，在"图层"调板中选择"背景"图层，执行"编辑"｜"填充"命令，选择前景色。填充效果如图 5-3-22 所示。

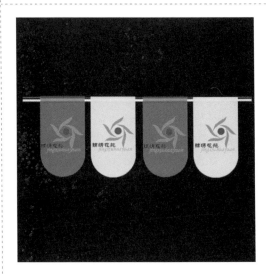

图 5-3-22　最终完成效果

6．保存作品

保存文件为"吊牌.psd"，再执行"文件"｜"存储为"命令，将文件另存为"吊牌.jpg"的格式。

相关知识与技能

1．关于形状

形状是使用形状工具或钢笔工具在形状图层上绘制的，形状的轮廓是路径。形状会自动填充当前的前景色。形状的轮廓存储在链接到图层的矢量蒙版中。

2．创建形状

（1）选择形状工具或钢笔工具，并在选项栏的选择工具模式中选择"形状图层"模式，如图 5-3-23 所示。可在图像中拖移或勾绘来创建图形。因为形状的轮廓是路径，所以对形状进行修改和编辑的方法与路径的修改方法基本相同（方法可参照任务一）。形状在创建时会自动填充当前的前景色，通过选项栏中的色板可更改颜色，也可为形状图层应用样式。

（2）使用自定义形状工具创建形状。通过预设的形状可以更方便地创建形状。创建自定义形状前，选择自定义形状工具，如图 5-3-24 所示。从选项栏的下拉列表中选板"形状"，在"形状"调板中选择某个形状，如图 5-3-25 所示，再在图像中拖动绘制此形状。

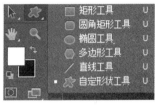

图 5-3-23　选择自定义工具

图 5-3-24　选择形状模式

图 5-3-25　形状调板

拓展与提高

在形状的创建中，通过预设的形状图层应用样式可以很方便地创建图层效果。在形状图层模式中使用形状或钢笔工具时，绘制形状前，先从选项栏的弹出式调板中选择样式。下面通过制作磁铁纽扣来学习形状图层应用样式的操作方法。

1）打开文件

执行"文件"|"新建"命令，弹出"新建"对话框，设置宽度为 12 厘米；高度为 12 厘米；分辨率为 200 像素/英寸；颜色模式为 RGB 颜色；背景内容为白色。打开 sc5-3-2.jpg 文件，如图 5-3-26 所示。按【Ctrl+A】组合键选择全部图像，按【Ctrl+C】组合键复制图像，切换到新建文件，按【Ctrl+V】组合键粘贴图像。

图 5-3-26　打开文件

2）粘贴后的效果

执行上一步骤后，新建图像的结果如图 5-3-27 所示。观察"图层"调板，发现新增加了"图层 1"图层。

图 5-3-27　粘贴后的效果

3）设置阴影效果

在"图层"调板中确认"图层 1"是当前图层，执行"图层"｜"图层样式"｜"阴影"命令，为"图层 1"添加阴影效果，如图 5-3-28 所示。

图 5-3-28　设置阴影效果

4）选择形状图层应用样式

选择椭圆形状工具，在选项栏中单击"形状图层"按钮，再在"样式"菜单中选择一种预设样式。本例的预设样式为"绿色胶体"，如图 5-3-29 所示。

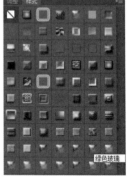

图 5-3-29　选择样式

5）绘制形状

按住【Shift】键并拖动，创建一个圆形磁铁纽扣。效果如图 5-3-30 所示。

图 5-3-30　绘制形状

6）复制形状图层

确认形状图层为当前图层，执行"图层"｜"复制图层"命令复制一个新的形状图层，拖动新图层右移一段距离，使两个磁铁纽扣左右对称放置，效果如图 5-3-31 所示。

图 5-3-31　最终完成效果

思考与练习

（1）结合形状工具及路径描边为 sc5-3-3.jpg 添加效果，效果如图 5-3-32 所示。

提示

使用形状工具绘制图形路径，设置画笔的笔刷为"散布枫叶"进行路径描边。

（2）使用定义路径为笔刷创建艺术效果，如图 5-3-33 所示。

提示

使用钢笔绘制一条曲线路径，设置笔刷的形状为"尖角"，大小为"1 像素"，进行路径描边，使用"定义画笔预设"命令，定义新画笔，在画布上任意绘画。

图 5-3-32　完成后的图片

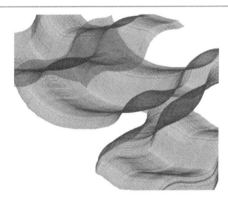

图 5-3-33　完成后的图片

任务四　制作手提袋

项目描述

VI 应用设计中还包括公关礼品的设计制作，公关礼品是企业联络各方关系的媒介。

可通过它拉近企业和客户的关系，同时对企业起着宣传的作用。公关礼品的种类很多，其中常见的有伞、笔、水杯、钥匙扣、手表、手提袋等。本任务将通过制作手提袋来学习 Photoshop CS6 中有关变换和艺术化滤镜的运用。本例的手提袋效果如图 5-4-1 所示。

图 5-4-1　手提袋效果

任务分析

　　手提袋的设计在要求保持实用性的同时，还要体现出企业识别系统的形象要素。因此要在它的上面标明企业的形象要素。既要标明标志，又不能破坏礼品的原有形象，尽量做到两者协调统一。本任务使用形状工具为锦绣花苑项目的推广制作礼品手提袋，任务实现步骤如下：①新建一个 12 厘米×12 厘米的图像文件，使用形状工具绘制手提袋的正面；②为其添加企业标志图像，使用艺术化滤镜制作装饰图案；③使用复制、粘贴、变换命令来制作一个侧面；④使用载入选区、填充的方法制作另外两个侧面；⑤使用钢笔工具绘制路径并填充的方法来制作手提袋的绳子。

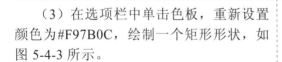

　　1．绘制手提袋的正面

　　（1）执行"文件"｜"新建"命令，弹出"新建"对话框，设置宽度为 12 厘米；高度为 12 厘米；分辨率为 200 像素/英寸；颜色模式为 RGB 颜色；背景内容为黑色。

　　（2）选择矩形工具，同时在选项栏中单击"形状图层"按钮。设置前景色为"白色"，在新建的文件中绘制矩形形状，如图 5-4-2 所示。

图 5-4-2　绘制的矩形形状

　　（3）在选项栏中单击色板，重新设置颜色为#F97B0C，绘制一个矩形形状，如图 5-4-3 所示。

图 5-4-3　绘制的矩形形状

（4）再次设置颜色为#0565E8，分别绘制两个矩形形状，如图 5-4-4 所示。

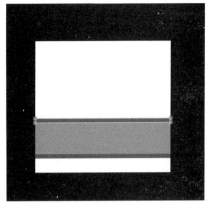

图 5-4-4　绘制的矩形形状

（5）"图层"调板中新增了 4 个形状图层，如图 5-4-5 所示。

图 5-4-5　新增 4 个形状图层

（6）分别栅格化形状图层，然后合并"矩形 2"～"矩形 4"图层，并重新命名该图层为"装饰图案"。重新命名"矩形 1"为"底"，如图 5-4-6 所示。

图 5-4-6　重命名后的图层

（7）打开素材图片，如图5-4-7所示。

图5-4-7　打开素材图像

（8）选中花朵部分，将其复制并粘贴到新建的文件中，并调整其大小和位置，如图5-4-8所示。

图5-4-8　粘贴图像

（9）在"图层"调板中选择花朵的图层，连续复制两个图层，调整其位置，如图5-4-9所示。合并所有的花朵图层并更名为"花朵"。

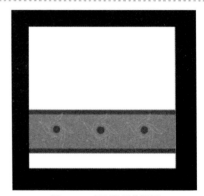

图5-4-9　复制并调整图层

（10）确认"花朵"图层为当前图层，执行"编辑"｜"调整"｜"亮度/对比度"命令，在弹出的对话框中进行设置，如图5-4-10所示。

图5-4-10　"亮度/对比度"对话框

（11）合并"花朵"和"装饰图案"图层。保留"装饰图案"图层为该图层名，确认该图层为当前层，执行"滤镜"｜"艺术效果"｜"粗糙画笔"命令，对话框设置如图 5-4-11 所示。

图 5-4-11　艺术化滤镜设置

（12）执行后的效果如图 5-4-12 所示。

图 5-4-12　应用滤镜后的效果

（13）打开素材文件，选择图像并将其复制到新的文件中，变换到合适的大小并调整到合适的位置，如图 5-4-13 所示。在"图层"调板中合并"底"和"装饰图案"图层，将合并后的图层改名为"正面"。

图 5-4-13　添加图像

2．建立手提袋的侧面

（1）在"图层"调板中新建一个图层，命名为"侧一"。确认"正面"图层为当前图层，使用矩形选框工具选择图像的左边部分，如图 5-4-14 所示。

图 5-4-14　选择图像

（2）执行"编辑"｜"复制"命令；选择"侧一"图层，执行"编辑"｜"粘贴"命令。效果如图 5-4-15 所示。

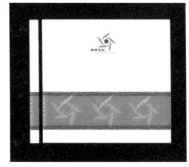

图 5-4-15　复制粘贴图像

（3）确认"侧一"图层为当前层，执行"编辑"｜"变换"｜"斜切"命令，变换图像的形状，如图 5-4-16 所示。用相同的方法对"正面"图层进行相应的变换。

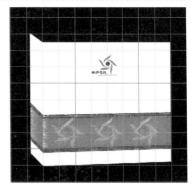

图 5-4-16　变换图像

（4）确认"侧一"为当前层，执行"编辑"｜"调整"｜"亮度/对比度"命令，对话框设置如图 5-4-17 所示。

图 5-4-17　调整亮度/对比度

（5）调整后的效果如图 5-4-18 所示。

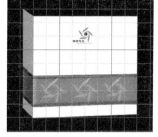

图 5-4-18 调整后的效果

（6）在"图层"调板中新建一个图层，命名为"侧面 2"。选择"侧一"图层，执行"选择"｜"载入选区"命令。再选择"侧二"图层，设置前景色为"#525151"，填充选区后调整图像到合适位置，结果如图 5-4-19 所示。

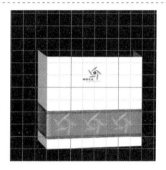

图 5-4-19 创建"侧面 2"效果

（7）在"图层"调板中新建一个图层，命名为"背面"。选择"正面"图层，执行"选择"｜"载入选区"命令。再选择"背面"图层，设置前景色为"#9A9898"，填充选区后调整图像到合适位置。可在"图层"调板中调整各图层的次序，如图 5-4-20 所示。

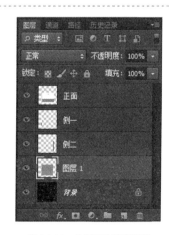

图 5-4-20 各图层的排列顺序

（8）以使手袋的每个面合理显示，效果如图 5-4-21 所示。

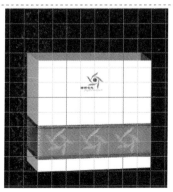

图 5-4-21 创建"背面"效果

3．绘制小孔及手提绳

（1）确认"正面"图层为当前图层，选择椭圆选框工具，绘制一个正圆形选区，执行"编辑"｜"清除"命令，绘制穿绳小孔，效果如图 5-4-22 所示。

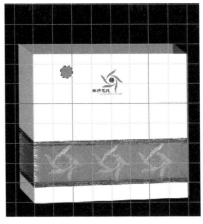

图 5-4-22　创建穿绳小孔

（2）用上一步骤相同的方法创建其他几个穿绳的小孔，效果如图 5-4-23 所示。

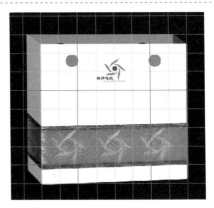

图 5-4-23　所有小孔创建后的效果

（3）确认"正面"图层为当前图层，执行"图层"｜"图层样式"｜"投影"命令，在"图层样式"对话框中进行相应的设置，如图 5-4-24 所示。

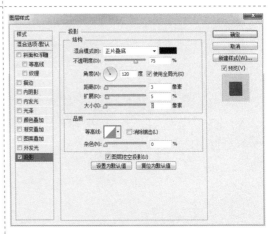

图 5-4-24　设置图层样式

（4）执行"视图"｜"显示"｜"网格"命令，取消网格显示。新建一个图层并命名为"绳一"，选择钢笔工具，绘制手提绳形状的路径，如图 5-4-25 所示。

图 5-4-25　绘制路径

（5）确认"绳一"图层为当前图层，设置前景色为#F97B0C，填充路径后取消路径显示。效果如图 5-4-26 所示。

图 5-4-26　填充路径

（6）复制"绳一"图层，将复制好的图层改名为"绳二"，将图像放置到合适的位置并调整各图层的次序，如图 5-4-27 所示。

图 5-4-27　各图层的顺序

（7）使手袋的每个面及绳子合理显示，效果如图 5-4-28 所示。

图 5-4-28　调整各图层顺序后的效果

（8）确认"侧一"为当前图层，使用矩形选框工具选中图像的一部分，如图 5-4-29 所示。

图 5-4-29　选择图像

（9）执行"编辑"｜"调整"｜"亮度/对比度"命令，弹出"亮度/对比度"对话框，具体设置如图 5-4-30 所示。

图 5-4-30　调整亮度/对比度

（10）使用同上一步骤相同的方法，做"侧二"的折叠效果，如图 5-4-31 所示。

最后保存文件。

图 5-4-31　完成效果

相关知识与技能

1. 变换

变换的功能是对用户指定的对象进行二维的变形处理。变形的对象可以是图形、路径或选区。执行"编辑"|"变换"命令，将显示其子菜单，如图 5-4-32 所示。

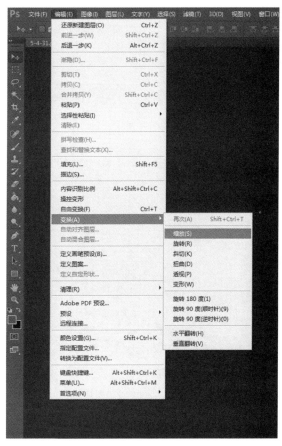

图 5-4-32 "变换"子菜单

再次：该命令用以重复执行上一次的变形操作。

缩放：该命令用以对用户指定的对象进行缩放，可以水平、垂直或同时沿这两个方向缩放。

旋转：该命令用以对用户指定的对象进行旋转操作。

斜切：该命令用以对用户指定的对象进行拉伸变形处理。

扭曲：该命令用以对用户指定的对象进行扭曲变形。

透视：该命令用以对用户指定的对象进行按照指定的透视方向做透视变形。

旋转 180 度：该命令用以对用户指定的对象进行 180 度的旋转。

旋转 90 度（顺时针）：该命令用以对用户指定的对象进行顺时针 90 度的旋转。

旋转 90 度（逆时针）：该命令用以对用户指定的对象进行逆时针 90 度的旋转。

水平翻转：该命令用以对用户指定的对象进行水平翻转。

垂直翻转：该命令用以对用户指定的对象进行垂直翻转。

2. 艺术化滤镜

Photoshop CS6 提供了多种滤镜效果，其中艺术化滤镜可以创建各种各样绘画式效果或其他特殊的艺术效果。它应用的图像仅限于 RGB 颜色模式和 Multichannel 颜色模式，而不能在 CMYK 或 Lab 模式下工作。艺术化滤镜组中包括 15 种艺术化滤镜效果，以下对其中的两种艺术化滤镜进行示例说明。

（1）塑料包装滤镜：此滤镜可以产生表面质感很强的塑料包装的效果，就如同在图像上覆盖了一层塑料薄膜，使图像产生立体的光泽感。在对图像执行这一命令后，会弹出"塑料包装"对话框，如图 5-4-33 所示。

图 5-4-33　"塑料包装"对话框

该对话框中的参数说明如下：

高光强度：用于控制图像反射光的强度，设置范围为 0～20。

细节：用于调节细节的复杂程度，设置范围为 1～15。数值越大覆膜的效果越明显。反之，效果越不明显。

平滑度：用于控制塑料覆膜的厚度，调节光滑度，设置范围为 1～15。

（2）绘画涂抹：此滤镜使用涂抹的方式使图像产生出各种风格的绘画效果，它提供了 6 种类型的笔刷。在对图像执行这一命令后，会弹出"绘画涂抹"对话框，如图 5-4-34 所示。

该对话框中的参数说明如下：

画笔大小：用于调节涂抹工具的画笔大小，该值愈小图像越清楚，设置范围为 1～50。

锐化程度：用于调节图像锐化处理的数量，即涂抹的笔触。设置范围为 0～40。

画笔类型：用于选择笔刷的类型。

3. 标尺、参考线和网格

Photoshop CS6 提供了很好的辅助制图工具：标尺、参考线和网格，运用这些工具可很方便地制图。通常在新建文件时这些工具在文件中不能同时使用的，需要时可执行"视

图”|“标尺”命令，或“视图”|“显示”|“网格”或“参考线”命令。

图 5-4-34　“绘画涂抹”对话框

　　标尺：标尺的坐标原点可以设置在画布的任何地方，只要从标尺的左上角开始拖动即可应用新的坐标原点；双击左上角可以还原坐标原点到默认点。双击标尺可以打开单位与标尺参数设置的对话框，如图 5-4-35 所示，可对相关的参数进行设置。

图 5-4-35　“首选项”对话框

　　参考线：是通过从标尺中拖出而建立的，所以首先要确保标尺是打开的。拖动参考线时按住【Alt】键可以在水平参考线和垂直参考线之间切换。按住【Alt】键单击一条已经存在的垂直参考线可以把它转为水平参考线，反之亦然。双击参考线也可弹出“首选项”对话框，可对参考线的相关参数进行设置。

网格：网格的运用和参考线有相似之处，也可在"首选项"对话框中对其参数进行设置。

拓展与提高

如果想在一个连续操作中应用不同的变换，而不必选取其他的变换命令，即可使用"自由变换"命令，配合键盘上的按键，即可在变换类型之间进行切换。下面通过运用该命令来介绍它的使用方法。

（1）打开文件，如图 5-4-36 所示。

图 5-4-36　原始图像

（2）执行"编辑"｜"自由变换"命令，通过拖移手柄进行缩放，拖移角手柄时按住【Shift】键可按比例缩放，如图 5-4-37 所示。

图 5-4-37　应用缩放变换

（3）将鼠标指针移动到定界框的外部（指针变为弯曲的双向箭头 ↵），单击并拖动鼠标进行旋转，如图 5-4-38 所示。

图 5-4-38　应用旋转变换

（4）在按住【Ctrl+Shift】组合键的同时拖动边手柄。当定位到边手柄上时，指针变为带双向箭头的白色箭头↘，单击并移动鼠标，对象进行斜切变换，如图 5-4-39 所示。

图 5-4-39 应用斜切变换

（5）在按住【Ctrl+Alt+Shift】组合键的同时拖动角手柄。当定位到角手柄上时，指针变为灰色箭头▶。单击并拖动鼠标，可以对对象进行透视变换，如图 5-4-40 所示。

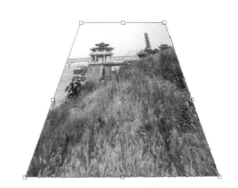

图 5-4-40 应用透视变换

思考与练习

（1）使用图像文件 sc5-4-1.jpg 制作一立方体。最终效果如图 5-4-41 所示。

> 提示
>
> 使用"复制"命令复制图像，使用"变换"命令进行变换调整。

图 5-4-41 立方体完成效果

（2）为 sc5-4-2.jpg 图像创建油画效果，如图 5-4-42 所示。

提 示

使用"中间值"滤镜、"锐化"滤镜、"绘画涂抹"滤镜等实现。

图 5-4-42　油画完成效果

任务五　制作产品宣传画册

任务描述

产品宣传画册是企业 VI 应用设计中企业产品宣传的一个重要组成部分，对产品和团体机构的业务信息与形象起着重要的推介作用。用它来传达产品的优良品质及性能，同时给受众带来卓越的视觉感受，进而获得在选购和使用之后的价值提升。本任务通过制作产品宣传画册（见图 5-5-1～图 5-5-3）来学习 Photoshop CS6 中有关路径转换的基本操作和使用渲染滤镜的方法。

图 5-5-1　宣传画册的封面

图 5-5-2　宣传画册的一个内页

图 5-5-3　宣传画册的效果图

任务分析

产品宣传画册通常由 3 种要素组成，即产品形象、品牌名称和文案。任务实现步骤如下：①新建一个 36 厘米×29 厘米的图像文件，填充背景颜色；②通过添加图像并改变图层的混合模式，使用对路径的相关操作来修改图像，添加文字后制成封面效果；③通过填充、添加图像、添加文字和光晕滤镜制作成其中一个内页效果；④通过选择图像、变换图像、复制图像、应用图层样式来制作整体效果图。

方法与步骤

1. 建立封面背景图像

（1）在 Photoshop CS6 中新建一个图像文件，设置宽度为 36 厘米；高度为 29 厘米；分辨率为 200 像素/英寸；颜色模式为 RGB 颜色；白色背景。执行"图层"|"新建图层组"命令，建立新图层组并命名为"封面"，在"封面"图层组中新建"图层 1"，设置前景色如图 5-5-4 所示，以此填充新图层。

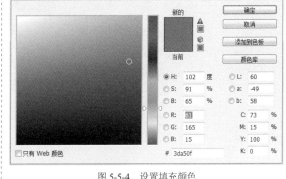

图 5-5-4　设置填充颜色

（2）打开素材图像 sc5-5- 11.jpg，按【Ctrl+A】组合键选中整个图像，按【Ctrl+C】组合键复制图像，切换到样本文件。按【Ctrl+V】组合键粘贴图像。这时，"图层"调板中新增加了"图层 2"。确认"图层 2"为当前图层，执行"编辑"|"自由变换"命令，变换图像的大小，使其和画布大小相等，如图 5-5-5所示。

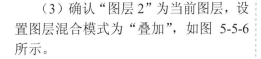

图 5-5-5　添加并变换图像

（3）确认"图层 2"为当前图层，设置图层混合模式为"叠加"，如图 5-5-6所示。

图 5-5-6　改变图层的混合模式

（4）合并"图层1"和"图层2"并改名为"外封"。执行"视图"｜"标尺"命令，显示标尺。参照标尺使用鼠标从左向右拖出一条参考线，把整个图像平分为"封面"和"封底"两部分，如图5-5-7所示。

图5-5-7　使用参考线

（5）使用钢笔工具勾画路径，修改编辑路径的形状如图5-5-8所示。

图5-5-8　绘制路径

（6）在"路径"调板中单击"将路径载入选区"按钮，将路径转换为选区。把前景色设置为"白色"。确认"外封"图层为当前图层，为选区填充颜色，结果如图5-5-9所示。

图5-5-9　路径转换成选区并填充

2．绘制封面上的装饰线

（1）使用钢笔工具勾画路径，修改编辑路径的形状如图5-5-10所示。在工具箱中单击前景色，在"拾色器"对话框中设置颜色为#02F17B。

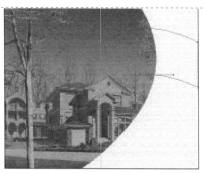

图5-5-10　绘制路径

（2）在"路径"调板中单击"将路径载入选区"按钮，将路径转换为选区。在"图层"调板中新建"装饰线"图层，执行"编辑"|"描边"命令，使用前景色描边，如图 5-5-11 所示。

图 5-5-11　路径描边效果

（3）确认"装饰线"为当前图层，使用矩形选框工具分别框选垂直的两条边，执行"编辑"|"删除"命令删除多余的线，如图 5-5-12 所示。

图 5-5-12　选择并删除多余的线

（4）确认"外封"为当前图层，使用钢笔工具选择区域，如图 5-5-13 所示。

图 5-5-13　选择区域

（5）执行"编辑"｜"调整"｜"色彩平衡"命令，弹出"色彩平衡"对话框，具体设置如图 5-5-14 所示。

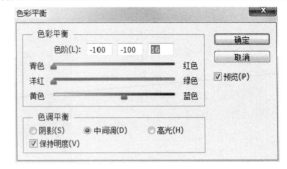

图 5-5-14 "色彩平衡"对话框

3．添加标志和文字

（1）打开素材图像"楼房.JPG"，选中整个标志图像，执行"编辑"｜"复制"命令，切换到样本文件，粘贴图像。变换图像的大小并调整其位置，结果如图 5-5-15 所示。

图 5-5-15 添加图像

（2）设置字体的颜色为#F97B0C，字体为"华文行楷"，字的点数为"30"。

输入"上海市锦绣房地产公司"，移动字的位置到信封的右下角，结果如图 5-5-16 所示，保存文件。

图 5-5-16 添加文字

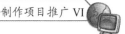

4．制作内页图像

（1）在"图层"调板中，新建图层组并命名为"内页"。同时取消"封面"图层组的可视性。

（2）打开 sc5-5-2.jpg 图像，执行"编辑"｜"复制"命令，切换到样本文件，粘贴图像。变换图像的大小并调整其位置，此时"图层"调板中新增了"图层 1"图层，调整图层的透明度为 85。确认"图层 1"为当前层，执行"滤镜"｜"渲染"｜"镜头光晕"命令，对话框设置如图 5-5-17 所示。

图 5-5-17　设置镜头光晕

（3）制作效果如图 5-5-18 所示。

图 5-5-18　运用镜头光晕滤镜后的效果

（4）分别打开素材图像 sc5-5-3.jpg、sc5-5-4.jpg、sc5-5-5.jpg，选中各素材图像，分别执行"编辑"｜"复制"命令，切换到样本文件，粘贴图像。变换各图像的大小并调整其位置，效果如图 5-5-19 所示。

图 5-5-19　添加图像

（5）此时"图层"调板增加了几个新的图层，把新的"图层"放在"内页"图层组内，如图 5-5-20 所示。

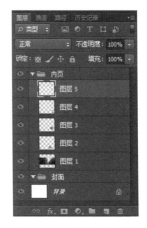

图 5-5-20　"内页"图层组

（6）把 3 个有室内效果图的图层合并，合并后为该图层应用图层样式，具体设置如图 5-5-21 所示。

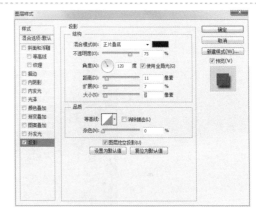

图 5-5-21　设置应用图层样式

5. 输入文字

（1）设置字体的颜色为 #F97B0C，字体为"隶书"，字的点数为"48"，然后输入文字"优美风致、清新生活"。

（2）设置字体的颜色为"白色"，字体为"隶书"，字的点数为"30"，然后输入"锦绣花苑位于上海东南角，地理位置得天独厚，繁花盛景与自然山水举步即得。整体建筑风格独特、户型设计新颖、环境配套优越。"

（3）分别调整文字到合适的位置，效果如图 5-5-22 所示，保存文件。

图 5-5-22　添加文字

6. 制作效果图

（1）在"图层"调板中，新建图层组命名为"效果"，取消"内页"图层组的可视性。在"效果"图层组内分别新建"图层 5"和"图层 6"，确认"图层 5"为当前层，设置前景色为黑色，填充图层。

（2）使用矩形选框工具选中"外封"的封面部分，复制并粘贴到"效果"图层组的"图层 6"中，效果如图 5-5-23 所示。

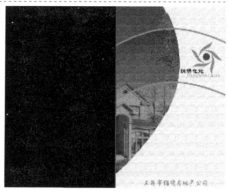

图 5-5-23 选择并复制图像

（3）确认"图层 6"为当前层，执行"编辑"｜"变换"命令变换图像大小并调整图像的位置，效果如图 5-5-24 所示。

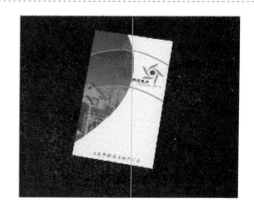

图 5-5-24 变换图像

（4）确认"图层 6"为当前层，执行"图层"｜"复制图层"命令，分别复制两个图层，再执行"编辑"｜"自由变换"命令变换各图层图像的角度，效果如图 5-5-25 所示。

图 5-5-25 复制图层并调整各层图像角度

（5）确认一个复制的图层为当前层，执行"图层"｜"图层样式"｜"投影"命令，在弹出的"图层样式"对话框中进行相应的设置，如图 5-5-26 所示。

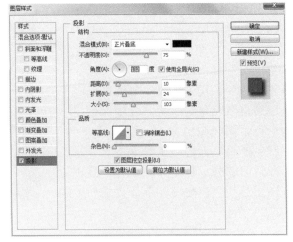

图 5-5-26　设置图层样式

（6）用同样的方法为另外两个图层应用图层样式，效果如图 5-5-27 所示，保存文件。

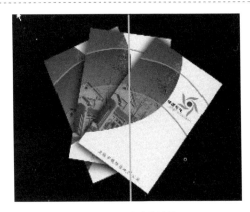

图 5-5-27　完成的效果

相关知识与技能

1）"路径"调板

使用"路径"调板可以很方便地对路径进行相关操作。打开"路径"调板，如图 5-5-28 所示。"路径"调板中将显示当前的工作路径和已有的路径。如果在工作区中没有找到"路径"调板，可执行"窗口"｜"路径"命令。"路径"调板下方的各按钮功能如下：

- ：使用前景色填充。
- ：使用前景色描绘路径。
- ：把路径转换成选区。
- ：把选区转换成路径。
- ：建立新的路径。
- ：删除当前路径。

2）转换路径

在 Photoshop CS6 中，创建的路径和选区可以相互转化。

（1）路径转换成选区

可以创建出使用选择工具无法创建的复杂选区，可选用路径操作然后再转化成选区。

（2）选区转换成路径

在操作过程中，当感到从选区制作路径可能比直接使用钢笔工具制作路径方便时，就可以把这个选区转换成路径，进行进一步的处理。

图 5-5-28 "路径"调板

3）渲染滤镜

渲染滤镜组的滤镜主要是用于生成图像的各种表面效果，如云雾效果、光照效果、镜头光晕效果等。这里介绍两种渲染滤镜。

云彩滤镜：可以利用前景色和背景色之间随机获取像素生成很柔和的云彩效果。在执行该命令后，不会出现对话框，自动生成效果。效果如图 5-5-29 所示。

镜头光晕滤镜：此滤镜能够模拟较强光线入射到摄像机镜头后折射而产生的光影效果。在执行该滤镜命令后，弹出的对话框如图 5-5-30 所示。

对话框中各参数说明如下：

亮度：用于控制折射光线的强烈程度，设置范围为 0～300。

反射中心：拖动"+"字光标可以设置镜头反射光的中心点。

镜头类型：设定镜头的类型，有 4 种镜头方式。

图 5-5-29 云彩滤镜效果

图 5-5-30 "镜头光晕"对话框

拓展与提高

使用钢笔、直线或形状等工具绘制路径，然后沿着该路径输入文本。可以创建该路径形状分布的文字。下面通过创建半圆形分布的文字来了解在路径上放置文字的方法。

（1）新建一个文件，在新建文件上绘制半圆形路径，如图 5-5-31 所示。

图 5-5-31　半圆形路径

（2）选择横排文字工具，在"字符"调板中设置字体为"隶书"，颜色为"红色"，字体大小为 24 点，水平缩放为 120。把鼠标指针放在所绘的路径上，发现指针变为一个带有横线的 I 型光标 ，调整指针的位置，将 I 型光标的基线置于路径上，然后单击，路径上会出现一个插入点，如图 5-5-32 所示。

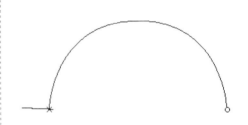

图 5-5-32　将鼠标指针放在路径上

（3）输入文字"上海市锦绣房地产公司"，如图 5-5-33 所示。

图 5-5-33　输入文字

（4）打开"路径"调板，在"路径"调板中的任意空白处单击，取消路径显示，效果如图 5-5-34 所示。

图 5-5-34　取消路径显示后的效果

思考与练习

（1）制作一个按圆形分布的文字图像。在圆形路径上分布 26 个英文字母，如图 5-5-35 所示。

提 示

> 使用椭圆工具绘制图形路径，结合文字工具沿路径输入字母。

图 5-5-35　文字圆形分布效果

（2）使用滤镜制作岩石纹理效果的图像，效果如图 5-5-36 所示。

提 示

> 分别使用"云彩"滤镜、"基底凸现"滤镜和"色相/饱和度"等命令实现。

图 5-5-36　岩石纹理效果

（3）使用滤镜效果制作眩光效果的图像，如图 5-5-37 所示。

提 示

分别使用"镜头光晕"滤镜、"极坐标"滤镜实现。

图 5-5-37　眩光效果

项目实训　宏图物流——设计和制作企业宣传画册封面

项目描述

上海市宏图物流有限公司是一家规模较大、资金雄厚的大型物流公司，目前想要提高企业的知名度，更好地塑造企业形象，准备请人为公司进行 VI 策划与制作。公司本着"增值、便捷、安全、畅通"的服务理念来更好地服务客户和社会。根据要求，为公司设计并制作企业宣传画册的封面，作品制作完成后的效果如图 5-6-1 所示。

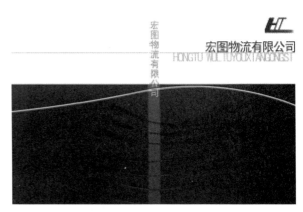

图 5-6-1　宣传画册的封面

项目要求

企业宣传画册是企业对外宣传的一项重要手段，其封面设计的优劣直接影响到观众的翻阅欲望。所以其重要性是不言而喻的。人们首先通过对封面的认可来翻阅画册，进而了解企业。所以，要让人们通过企业宣传画册的封面来感受公司特点。整体封面以深蓝色为基本色，使人联想到博大、安全与沉稳。流线型的抽象图形，展示了高速、畅通、便捷的服务特点，很好地表现了公司的服务理念。制作过程中主要用到路径和滤镜的相关知识与操作。

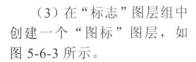 **项目提示**

（1）在 Photoshop CS6 中新建一个图像文件，设置宽度为38 厘米；高度为 25 厘米；分辨率为 200 像素/英寸；颜色模式为 RGB 颜色；背景为白色。

（2）建立 3 个图层组，分别为"标志""图像""文字"，如图 5-6-2 所示。

图 5-6-2 3 个图层组

（3）在"标志"图层组中创建一个"图标"图层，如图 5-6-3 所示。

图 5-6-3 图层组中新建一个图层

（4）执行"视图"|"标尺"命令和"显示"|"网格"命令，确认"图标"图层为当前图层，用"几何形状"工具绘制图标路径，使用变换路径的方法修改图标路径，设置前景色为#012B99，填充图标路径。在"路径"调板中删除图标路径，效果如图 5-6-4 所示。

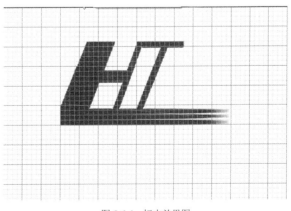

图 5-6-4 标志效果图

（5）单击"标志"图层组前的眼睛图标，使该图层组不可视。执行"视图"|"网格"命令，取消网格的显示。在"图像"图层组中创建 3 个图层，如图 5-6-5 所示，确认"图层 1"为当前图层，使用钢笔工具绘制路径，多次复制所绘的路径并调整位置，效果如图 5-6-6 所示。

图 5-6-5　图层组中 3 个图层

图 5-6-6　完成的路径

（6）选择画笔工具，设置笔刷为"尖角 13 像素。设置前景色为#FDCB51 进行描边路径。取消路径显示后的效果如图 5-6-7 所示。

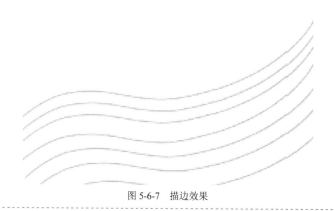

图 5-6-7　描边效果

（7）确认"图层 1"为当前图层，执行"滤镜"｜"扭曲"｜"旋转扭曲"命令，弹出"旋转扭曲"对话框，如图 5-6-8 所示。

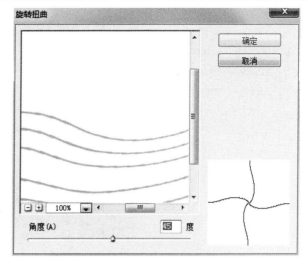

图 5-6-8　旋转扭曲设置

（8）执行"模糊"｜"径向模糊"命令，弹出"径向模糊"对话框，如图 5-6-9 所示。最终效果如图 5-6-10 所示。

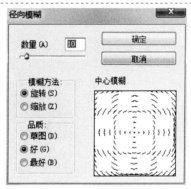

图 5-6-9　径向模糊设置

图 5-6-10　使用滤镜后效果

（9）确认"图层 2"为当前图层，设置前景色和背景色分别为#FDCB51、#FFFFFFF，线性从上向下渐变填充图层。并设置图层的混合模式为"差值"，效果如图 5-6-11 所示。

图 5-6-11　混合模式效果

（10）确认"图层 2"为当前图层，框选中图像的上部并删除。不取消矩形选区，再选择"图层 1"删除矩形选框中的内容，效果如图 5-6-12 所示。

图 5-6-12　删除图像

（11）确认"图层 3"为当前图层，使用钢笔工具绘制路径并描边，颜色的设置和笔刷的设置和步骤（5）相同，效果如图 5-6-13 所示。

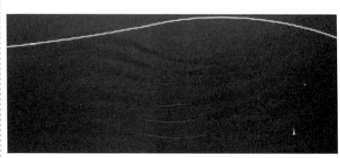

图 5-6-13　描边效果

（12）绘制书脊。可利用参考线确定书脊的位置，选中书脊部分，改变其亮度和对比度（亮度为-30，对比度为+30），调整后的效果如图5-6-14所示。

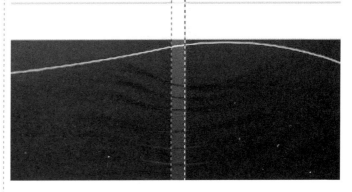

图5-6-14　调整后的效果

（13）在文字图层组中分别输入文字，调整文字的大小和位置，为书籍上的文字应用投影效果。单击"标志"图层组前的眼睛图标，使其可视。确认"图标"层为当前图层，变换标志图形的大小，并调整它的位置，完成效果如图5-6-15所示。

保存文件。

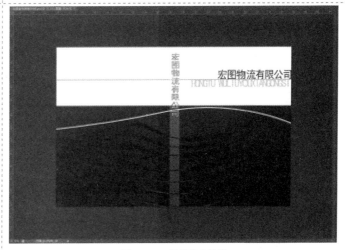

图5-6-15　最终完成效果

项目评价

项目实训评价表

能力	内　容		评　价		
	能力目标	评价项目	3	2	1
职业能力	能使用钢笔工具和形状工具绘制图形	能绘制路径			
		能修改路径			
	能编辑路径	能使用"路径"调板			
		能变换路径			
		能填充和描边路径			
	能使用辅助工具制图	能使用标尺			
		能使用网格			
		能使用辅助线			

续表

项目实训评价表

能力	内　　容		评　　价		
	学 习 目 标	评 价 项 目	3	2	1
职业能力	能使用滤镜创建效果图像	能使用扭曲滤镜			
		能使用模糊滤镜			
		能使用渲染滤镜			
通用能力	能清楚、简明地发表自己的意见与建议				
	能服从分工，主动与他人共同完成学习任务				
	能关心他人，并善于与他人沟通				
	能协调好组内的工作，在某方面起到带头作用				
	积极参与任务，并对任务的完成有一定贡献				
	对任务中的问题有独特的见解，起来良好效果				
综 合 评 价					

笔记栏